MySQL数据库
基础项目化教程（微课版）

张　蓉　王　华　朱　炜▣主　编

朱莹芳　胡恺君▣副主编

U0214229

清华大学出版社

北京

内 容 简 介

本书较全面地介绍了 MySQL 数据库的基础概念及其在现代信息系统中的应用。全书共分为 11 个项目，涵盖 MySQL 数据库的各关键内容，包括认识数据库、安装与配置 MySQL 开发环境、数据库设计、数据库和表的管理、创建和管理约束、数据操纵、数据查询、视图和索引、数据库编程、用户与权限管理和数据库备份与恢复。

本书可作为高校计算机相关专业和非计算机专业数据库基础和数据库开发课程的教材，也适合计算机软件开发人员、从事数据库管理与维护工作的专业人员和广大计算机爱好者自学使用。同时，本书还可作为全国计算机等级考试二级 MySQL 数据库程序设计及相关职业技能等级考试的参考资料。

图书在版编目（CIP）数据

MySQL数据库基础项目化教程：微课版 / 张蓉，王华，朱炜主编 . -- 北京：清华大学出版社，2025. 1.
ISBN 978-7-302-68019-2

Ⅰ. TP311.132.3

中国国家版本馆 CIP 数据核字第 2025LG6439 号

责任编辑：郭丽娜
封面设计：曹　来
责任校对：李　梅
责任印制：宋　林

出版发行：清华大学出版社
　　　网　　址：https://www.tup.com.cn，https://www.wqxuetang.com
　　　地　　址：北京清华大学学研大厦A座　　　　　邮　　编：100084
　　　社 总 机：010-83470000　　　　　　　　　　邮　　购：010-62786544
　　　投稿与读者服务：010-62776969，c-service@tup.tsinghua.edu.cn
　　　质量反馈：010-62772015，zhiliang@tup.tsinghua.edu.cn
　　　课件下载：https://www.tup.com.cn，010-83470410
印 装 者：大厂回族自治县彩虹印刷有限公司
经　　销：全国新华书店
开　　本：185mm×260mm　　　　　印　　张：13　　　　字　　数：312千字
版　　次：2025年2月第1版　　　　　印　　次：2025年2月第1次印刷
定　　价：49.00元

产品编号：101588-01

前　言

在数字化时代，数据库技术是信息系统的核心组成部分，其中 MySQL 数据库作为关系型数据库管理系统之一，以其开源、高效而广受欢迎。针对初学者，特别是高职院校学生的学习需求，编者以 MySQL 数据库管理系统为平台，采用"注重基础、简明实用、尽量简洁"的原则编写本书，旨在提供一个集理论与实践于一体的学习路径，通过详细的案例分析和实际操作指南，帮助读者打下坚实的基础。

本书以项目导向和任务驱动的方法编写，通过实际项目开发案例深入讲解数据库的基础知识、设计和管理。本书以 MySQL 8.0 为教学基础，将 Navicat for MySQL 作为主要的数据库管理和开发工具，教学内容围绕自主开发的"Market 网上菜场系统"展开，全面覆盖数据库的各关键内容，如数据库设计、数据定义、数据操纵、数据查询、视图和索引、数据库编程和数据库管理等。同时，引入 MySQL 官方提供的"sakila 电影租赁数据库"，为读者提供一个行业标准的专业参考模板，通过项目实践训练，使其加深对数据库实践的理解。全书采用渐进式教学方法，先介绍核心概念，再通过案例展示引导进入实操练习，最后深化到实际应用，从而帮助读者有效掌握 MySQL 数据库的关键技能。

与市面上大多数 MySQL 教程相比，本书通过详细阐述"Market 网上菜场系统"数据库的构建过程——从需求分析、E-R 模型构建、转化至关系模式，再到规范化理论和最终表结构设计——提供了一个全面且深入的学习路径。尤其在需求分析环节，本书细致地指导读者如何进行问题梳理、信息筛选及用户需求提炼，这些通常被忽视的步骤却是实际工作中确保数据库设计成功的基石。

本书深入贯彻党的教育方针，聚焦立德树人的根本任务，体现国家"创新驱动发展"战略，注重将素养目标与专业教学相结合，通过介绍数据库发展史、国产数据库的进展，以及编程规范等内容，旨在培养学生的专业素养、家国情怀、责任感、创新精神、团队协作与数据安全保密意识，为学生的综合发展打下坚实基础。本书将数据库知识内容与产业发展、热点问题、职业实践紧密结合，力求在教学中体现课程思政的深刻内涵。

本书作为教材使用时，参考学时为 64 学时，建议采用理论、实践一体化教学模式。各项目模块的参考学时见学时分配表。

项目模块	课程内容	学时
项目 1	认识数据库	2
项目 2	安装与配置 MySQL 开发环境	2
项目 3	数据库设计	12
项目 4	数据库和表的管理	4
项目 5	创建和管理约束	4
项目 6	数据操纵	4
项目 7	数据查询	12
项目 8	视图和索引	4
项目 9	数据库编程	12
项目 10	用户与权限管理	4
项目 11	数据库备份与恢复	4
总　　计		64

此外，考虑到自学者的需要，编者为关键知识点配备了微课视频，并建立了相应的在线开放课程网站（登录学银在线平台搜索"数据库程序设计（MySQL）"）。同时，为了辅助教学，本书还提供了丰富的教学资源，包括多媒体课件、课程题库、主题讨论、项目案例的源代码，以及项目实践手册及参考答案等，以支持授课教师的教学活动。

本书由张蓉、王华、朱炜任主编，朱莹芳、胡恺君任副主编。在编写过程中，编者还得到了多位同事的大力支持和帮助，他们提出了许多宝贵的意见和建议，在此向他们表示衷心的感谢。

由于编者水平有限，书中疏漏和不足之处在所难免，敬请广大读者提出宝贵的意见和建议，以帮助我们不断改进和完善本书。

编　者
2024 年 10 月

配套资源

目　录

项目 1

认识数据库

 项目目标

- 能够描述数据、数据库、数据库管理系统等相关概念；
- 能够根据不同的应用需求正确选择数据库和数据库管理系统。

 项目描述

数据库将计算机科学和易于人类理解的数据管理方式完美地衔接在一起，从 20 世纪 50 年代开始，就逐渐影响并改变了世界。改革开放初期，数据库理论正式传入中国。历经 40 多年的技术迭代，国产数据库技术蓬勃发展，见证了中国自主技术的巨大变革。

在本项目中，我们将深入探讨数据、数据库和数据库管理系统的基本概念，以便更好地理解这些概念在计算机科学和现代信息管理中的关键作用，并能够根据不同的应用需求选择合适的数据库和数据库管理系统，从而解决现实世界中的数据管理问题。

任务 1.1 认识数据与数据库

微课：认识数据库

1. 数据

数据（data）是用来描述事物的符号记录，可以有数字、文字、图形、图像、声音、视频、动画等多种表现形式。当这些数据经过数字化处理后，可以存储到计算机中供进一步处理和分析。

数据通常分为结构化数据（structured data）和非结构化数据（unstructured data）两种类型。结构化数据是指具有预定义数据模型和组织方式的数据，通常存储在关系数据库中，以表格形式展现。每个表格都有许多列，用于描述数据的不同属性，而行则代表数据记录。常见的 Excel 数据库及 SQL 数据库中的数据就是典型的结构化数据。结构化数据的优点在于它们易于进行查询、排序和分析。例如，在表 1.1 中，学号、姓名等信息都可以被视为结构化数据，因为它们可以被组织在表格中，并且每一种信息都有其预定义的数据类型和格式。

表 1.1　结构化二维表举例

学号	姓名	性别	班级
202401	小明	男	计算机 01
202402	小红	女	计算机 02
202403	小兰	女	计算机 02

相反，非结构化数据是指没有预定义数据模型或固定格式的数据，如文本、图像、音频和视频等。这些数据类型不易在传统的关系数据库中存储和分析，但是在日常生活和工作中，非结构化数据占据主导地位。

使用普通的数据分析方法，从这些非结构化数据中挖掘有用的信息可能非常困难，通常需要使用更为复杂的技术。例如，使用文本挖掘技术对文本信息进行分析，利用图像识别技术对图片进行分析，应用自然语言处理技术理解和分析语音和文本数据等。

2. 数据库

数据库（database，DB）是一个系统化的、长期存储在计算机内的、有组织的、可共享的数据集合。它不仅是一个数据的仓库，更是一个能够存储、处理和管理数据的平台。数据库中的数据按照一定的数据模型组织、描述和存储，这些数据模型可以是关系模型、层次模型、网络模型、关系模型、列存储模型、文档模型、键值对模型、图模型、时序模型或者向量模型等。

任务 1.2　认识数据库管理系统和数据库系统

1. 数据库管理系统

数据库管理系统（database management system，DBMS）是一种特殊的系统软件，在用户和数据库之间起到中介的作用，用于科学地组织、存储、管理和检索数据。它提供了一个系统化的方法来创建、更新、管理和检索数据库中的数据，如图 1.1 所示。

DBMS 的主要职责是提供一种方便、有效的方式来存储和检索大量的数据，同时保证数据的安全性、一致性和完整性。它还提供了一种抽象的视图来隐藏物理存储的细节，使得用户可以专注于数据的逻辑结构而不是物理存储。

DBMS 还有助于数据的并发控制，即在多个用户同时访问数据时，确保数据的一致性和完整性。此外，DBMS 还提供了数据的备份和恢复功能，以防止数据丢失或损坏。

2. 数据库系统

数据库系统（database system，DBS）是一个综合性系统，包括数据库、数据库管理系统和与其交互的应用程序及用户，如图 1.2 所示。它是在计算机环境中引入数据库后形成的整体结构，用于有效地管理和处理数据。

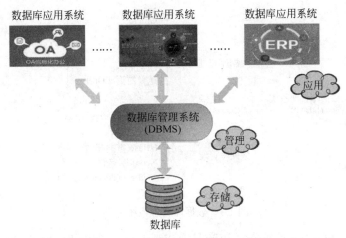

图 1.1 数据库管理系统作用示意图

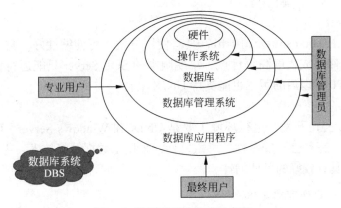

图 1.2 数据库系统构成示意图

任务 1.3 认识常见的数据库管理系统

随着数据库技术的演进，目前主要有两类数据库管理系统，即关系型数据库管理系统和非关系型数据库管理系统（见图 1.3）。关系型数据库管理系统主要用于处理结构化数据，而非关系型数据库管理系统则更适合处理非结构化数据。

1. 关系型数据库管理系统

关系型数据库是一种采用关系模型来组织数据的数据库。数据以二维表格的形式存储，每个表格由行和列组成。数据库则由这些表格及其间的关系构成。常见的关系型数据库管理系统包括 MySQL、SQL Server 和 DB2 等。

1）MySQL

MySQL 由瑞典 MySQL AB 公司开发，属于 Oracle（甲骨文）公司旗下产品。其体积小、速度快、总体拥有成本低，尤其是开放源码这一特点，适合于一般中小型系统，在 Web 应用开发领域，MySQL 占有举足轻重的地位。

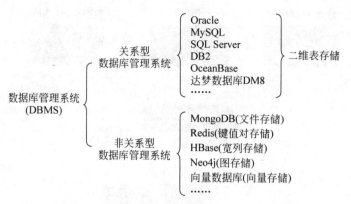

图 1.3　数据库管理系统分类

目前使用 MySQL 的著名公司和产品有 Facebook、Github、YouTube、Twitter、阿里巴巴、美团外卖、腾讯、微信等。

2）SQL Server

SQL Server 由 Microsoft 公司推出，具有使用方便、可伸缩性好、与 Windows 操作系统和微软相关软件集成程度高等优点。早期版本的 SQL Server 只能运行在 Windows 平台上，SQL Server 2017 以后的版本也能支持 UNIX 平台。

3）DB2

DB2 由 IBM 公司开发，运行环境主要是 UNIX 和 Windows Server。DB2 提供了高层次的数据利用性、完整性、安全性、可恢复性，采用了数据分级技术，主要应用于大型分布式应用系统，具有较好的可伸缩性。

2. 非关系型数据库管理系统

关系型数据库虽然强大，但在大数据时代，面对海量和复杂的数据模型，其处理能力有限。非关系型（NoSQL）数据库因其易扩展性、海量数据处理能力、高性能和灵活的数据模型，已在数据库领域得到了广泛应用。

NoSQL 数据库主要包括以下特点。

（1）易扩展：由于数据间无须建立关系，NoSQL 数据库易于扩展。

（2）大数据量，高性能：NoSQL 数据库具有高读写性能，尤其在处理海量数据时，得益于其无关系性和简单的数据库结构。

（3）灵活的数据模型：NoSQL 数据库不需要预定义字段，可随时存储自定义数据格式，这在关系型数据库中是困难的。

（4）高可用：NoSQL 数据库可在不影响性能的情况下实现高可用架构。

常见的非关系型数据库管理系统包括 MongoDB、Redis、HBase、Neo4j 和向量数据库等。

1）MongoDB

MongoDB 是一个由 C++ 语言编写的、基于分布式文件存储的开源数据库管理系统，为 Web 应用提供可扩展的高性能数据存储解决方案。MongoDB 使用 BSON（Binary JSON）来存储数据、进行网络交换，BSON 是一种类 JSON 的二进制存储格式，属于 chema-less 的存储形式，支持内嵌的文档对象和数组对象，比 JSON 数据类型更丰富。

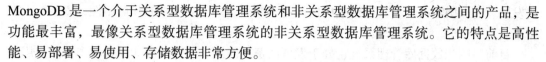

MongoDB 是一个介于关系型数据库管理系统和非关系型数据库管理系统之间的产品，是功能最丰富，最像关系型数据库管理系统的非关系型数据库管理系统。它的特点是高性能、易部署、易使用、存储数据非常方便。

2）Redis

Redis 是一个开源的、高性能的键值数据库管理系统，使用 ANSI C 语言编写。作为一个基于内存运行且支持数据持久化功能（如 RDB 和 AOF）的系统，Redis 不仅能进行高效读写操作，还能保证数据安全。它具备主从复制机制，支持多种数据类型，如 string、list、set、zset、hash 等，还有众多由社区贡献和维护，针对 Java、C/C++、C#、PHP、JavaScript、Python 等编程语言的客户端 API 库。

3）HBase

HBase（Hadoop database）是一个构建在 Hadoop 文件系统（hadoop distributed file system，HDFS）之上的分布式、可伸缩的宽列存储数据库，它为 HDFS 提供了高并发随机写入和实时查询功能。其设计目标是面向大规模数据存储，支持快速随机读写操作，适用于海量半结构化或非结构化数据场景。

4）Neo4j

Neo4j 是一个高性能的 NoSQL 图形数据库管理系统。它将结构化数据存储在网络上而不是传统的表格中。图数据模型是一种用于表示实体（节点）及其之间的关系（边）的数据结构，在处理复杂关系数据时表现出色，尤其适用于社交网络、推荐系统和知识图谱等应用场景。

Neo4j 是一个嵌入式的、基于磁盘的、具备完全的事务特性的 Java 持久化引擎。Neo4j 因其嵌入式、高性能、轻量级等优势，越来越受到关注。

5）向量数据库

向量数据库是一类专门用于高效存储和检索高维向量数据的数据库管理系统，这种类型的数据库在 AI 领域中具有重要的应用。例如，向量数据库可以用于存储和快速检索图像、文本等数据的特征向量，以支持相似性搜索和推荐系统。

常见的向量数据库有以下三种。

（1）Faiss：由 Facebook AI Research 开发，支持高效的相似性搜索和聚类。

（2）Annoy：由 Spotify 开发，适用于内存有限的情况下进行近似最近邻搜索。

（3）Milvus：Milvus 是一款由 Zilliz 开发的开源向量数据库，专为高效存储和搜索大规模高维向量数据而设计。它适用于处理文本、图像、视频和音频等非结构化数据的特征空间位置表示，并通过嵌入技术将这些数据转换为向量，以便计算机理解和处理。

3. 国产数据库管理系统

目前，流行的数据库管理系统主要由国外公司开发。然而，将重要信息和核心数据存储在国外公司开发的数据库中可能存在安全隐患，基础软件作为国家信息安全的重要组成部分，"国产化"具有重要意义。

经过多年的发展，国产数据库管理系统已经取得了显著的进步，不仅有传统的"三剑客"：达梦、人大金仓和南大通用，还有互联网巨头、网络通信巨头和创业公司的新进入者，形成了百花齐放、群雄逐鹿的局面。国产数据库管理系统已经取得了明显的突破：快速发展、进入国际视野、获得权威机构认可、产品达到金融级性能和可用性，逐渐被大中型企业采用。

目前，国产数据库管理系统正处于发展的黄金时期。创新的商业模式和丰富的应用场景正在推动数据库进入"升级换代"的新时代。同时，业务和成本的挑战也在加快数据库的"升级换代"。

典型的国产数据库管理系统包括以下几种。

1）TiDB

TiDB 是一款由 PingCAP 公司开发的分布式数据库管理系统，旨在提供水平扩展能力的同时，兼具在线事务处理（on-line transaction processing，OLTP）和在线分析处理（on-line analytical processing，OLAP）能力，实现 HTAP（Hybrid Transactional and Analytical Processing）混合事务分析处理。其核心架构由计算引擎层、分布式协调层、以及存储引擎层三大模块组成，每个层次包含不同的组件，协同工作以满足高性能、高并发和复杂查询的需求。

2）OceanBase

OceanBase 是阿里巴巴和蚂蚁集团自研的原生分布式关系数据库管理系统，能在普通硬件上实现金融级高可用，具备卓越的水平扩展能力。OceanBase 是全球首家通过 TPC-C 标准测试的分布式数据库管理系统，单集群规模超过 1500 个节点，具有云原生、强一致性，以及高度兼容 Oracle、MySQL 特性，广泛应用于金融行业。

3）达梦（DM8）

DM8 是达梦公司开发的新一代自主研制数据库管理系统，集成了分布式技术、弹性计算及云计算等先进技术的优势。该系统对灵活性、易用性、可靠性和高安全性等方面进行了显著改进，能够支撑超大规模并发事务处理，并适用于同时进行事务处理和分析型业务操作。此外，DM8 能动态分配计算资源，实现精细化资源利用，并降低成本投入。

◆ 项目任务单 ◆

在本项目中，我们深入探讨了数据库的基本知识，包括数据、数据库、数据库管理系统、数据库系统等核心概念，以及数据库技术的发展历史。我们还大致了解了全球流行的数据库管理系统和国产数据库管理系统。为了检验读者的理解和掌握程度，请完成以下任务。

1. 用自己的语言解释数据、数据库、数据库管理系统和数据库系统这些基本概念，尽可能地把这些概念讲清楚。

_____

_____

2. 列出并简述几种全球流行的数据库管理系统，包括其特点和主要的应用场景。

_____

_____

3. 选择一个流行的非关系型（NoSQL）数据库，如MongoDB、Redis或Cassandra等，研究并了解其基本概念、特点和应用场景。

◆ 拓 展 任 务 ◆

根据提供的微课视频，自主学习并掌握"中国数据库发展简史"模块的内容。请利用墨天轮数据社区（一个可以方便获取国产数据库最新动态的平台），选择一款流行的国产数据库管理系统，如华为的GaussDB、阿里巴巴的PolarDB、达梦的DM等。研究并编写一份报告，介绍该数据库管理系统的发展历程，包括主要的产品及其特色。请尽可能详细地描述产品的主要技术特点、应用场景，以及它们在数据库领域的创新之处。

微课：中国数据库发展简史

项目 2

安装与配置 MySQL 开发环境

 项目目标

- 能够独立完成 MySQL 8.0 的下载、安装与配置；
- 能够使用不同方法启动、停止 MySQL 服务；
- 能够使用第三方工具访问 MySQL 数据库。

 项目描述

MySQL 是全球流行度排名第二、开源数据库排名第一的数据库管理系统。其 Logo 是一只名为 Sakila 的小海豚，灵感来源于创始人 David Axmark 在澳大利亚潜水时遇到的一只海豚——"瑞士军刀鱼"。海豚象征着速度、力量和精确性，这些也是 MySQL 的核心特性。无论是处理的数据量、查询速度，还是系统稳定性，MySQL 都表现出色。

在本项目中，我们将深入了解 MySQL 数据库管理系统，学习如何搭建 MySQL 开发环境，包括下载、安装、配置、连接测试，以及如何使用图形化管理工具 Navicat 访问 MySQL，为后续的学习做好准备。

任务 2.1　认 识 MySQL

微课：认识 MySQL

MySQL 于 1995 年发布，并迅速崭露头角，成为开源数据库的领头羊。后期相继被 Sun Microsystems、Oracle 公司收购。由于担心 MySQL 可能被转为闭源，MySQL 的创始人创建了分支项目 MariaDB。MySQL 采用了 GPL（GNU general public license）协议，这意味着任何人都可以通过修改源代码来开发自己的 MySQL 系统，而无须支付额外费用。

MySQL 能够处理大型数据库，支持数千万条记录的数据库，并能处理含有 5000 万条记录的数据仓库。在 32 位系统中，表文件最大可支持 4GB，而在 64 位系统中，最大的表文件可支持 8TB。由于 MySQL 使用标准的 SQL 数据语言，它可以在多个系统上运行，并支持多种编程语言，包括但不限于 C、C++、Python、Java、Perl、PHP 和 Ruby。

任务 2.2　了解 MySQL 发展史上的重大事件

MySQL 的历史可以说是互联网发展史的一个缩影。从社交、电商到金融领域，互联网业务的发展，都对数据库的需求提出了更高的挑战。这些挑战包括高并发、高性能、高可用、轻资源、易维护和易扩展等需求，无不推动了 MySQL 的发展。表 2.1 展示了 MySQL 发展历史上的重大事件。

表 2.1　MySQL 发展历史上的重大事件

年份	重大事件
1995 年	MySQL 首次发布。由 Michael Widenius 和 David Axmark 创立，最初是为了提高表和查询的速度而开发的
2000 年	MySQL AB 公司推出 MySQL 的第一个开源版本（GPL 许可），这标志着 MySQL 成为开源社区的一部分
2008 年	Sun Microsystems 以约 10 亿美元的价格收购 MySQL AB。这次收购将 MySQL 带入了一个更大的技术生态系统中
2009 年	Oracle 公司收购 Sun Microsystems，从而成为 MySQL 的所有者。这次收购在开源社区中引起了广泛的关注和担忧，用户担心 MySQL 的开发可能会受到影响
2010 年	为了缓解社区的担忧，Oracle 公司公布了对 MySQL 的五年承诺，承诺将继续开发 MySQL 并保持其作为开源项目
2013 年	MySQL 5.6 发布，带来了许多性能改进，包括更好的复制特性、优化的查询执行计划及改进的分区支持
2015 年	MySQL 5.7 发布，进一步增强了性能，引入了 JSON 支持，提高了安全性和可伸缩性
2018 年	MySQL 8.0 发布，这是一个重要的版本，带来了诸如窗口函数、公共表达式递归、角色管理、锁定等待超时设置等众多新特性和改进
2020 年至今	MySQL 继续发展，引入更多的特性和改进，包括更好的云集成、数据安全性和隐私功能，以及性能优化

MySQL 从 5.7 版本直接跳跃到了 8.0 版本，是一个重要的里程碑。MySQL 8.0 版本在功能上做了显著的改进和增强，其中包括对 MySQL Optimizer 优化器的改进。这些改进不仅提升了运行速度，也为用户带来了更好的性能体验。

Oracle 公司目前拥有了排名前两位的关系型数据库 Oracle 和 MySQL，那么它们各适合什么样的用户呢？

Oracle 数据库更适合大型跨国企业，因为这些企业对费用不敏感，但对性能和安全性有更高的要求。由于 MySQL 体积小、速度快、总体拥有成本低，且能处理上千万条记录的大型数据库，再加上其开源的特点，很多互联网公司和中小型网站选择 MySQL 作为其数据库。

众多厂商选择 MySQL 的原因主要有以下几点。

（1）开源，使用成本低。

（2）性能卓越，服务稳定。

（3）软件体积小，使用简单，并且易于维护。

（4）历史悠久，社区用户非常活跃，遇到问题有大量资源可以获取帮助。

（5）许多互联网公司在用，经过了时间的检验。

任务 2.3　搭建 MySQL 开发环境

2.3.1　MySQL 的版本

MySQL 主要有以下四个版本。

（1）MySQL Community Server 社区版本：一个开源且免费的版本，任何人都可以自由下载和使用。但是，这个版本不提供官方的技术支持，更适用于大多数普通用户或者对 MySQL 有一定了解的开发者。

（2）MySQL Enterprise Edition 企业版本：一个收费版本，不能在线下载，但可以试用 30 天。它提供了更多的功能和更完备的技术支持，更适合于对数据库的功能和可靠性有较高要求的企业客户。

（3）MySQL Cluster 集群版：一个开源且免费的版本，主要用于架设集群服务器，可以将几个 MySQL Server 封装成一个 Server。这个版本需要在社区版或企业版的基础上使用。

（4）MySQL Cluster CGE 高级集群版：一个收费版本，提供了更高级的集群功能。

本书使用的版本是 2021 年 1 月 18 日发布的 MySQL Community Server 社区版，版本号为 8.0.28。

2.3.2　MySQL 的安装与配置

MySQL 可以在多个平台上运行，包括但不限于 Windows、Linux 和 macOS。每个平台上的安装和配置步骤可能有所不同，本书将重点介绍在 Windows 平台上的安装和配置方法。

微课：MySQL 的安装与配置

1. MySQL 的下载

要下载 MySQL，首先需要访问 MySQL 的官方网站并找到适合操作系统和版本号的安装文件，如图 2.1 所示。

下载完成后，得到安装文件 mysql-installer-community-8.0.28.msi。

微课：下载 MySQL 安装包

2. MySQL 的安装和配置

（1）双击安装文件，在 Choosing a Setup Type 界面，选择 Server only 选项（这里只安装服务器部分），如图 2.2 所示。然后，单击 Next 按钮进入下一步。

（2）进入 Installation 界面，单击 Execute 按钮开始安装过程，如图 2.3 和图 2.4 所示。

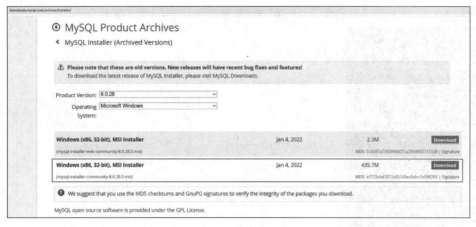

图 2.1 MySQL 8.0.28 下载界面

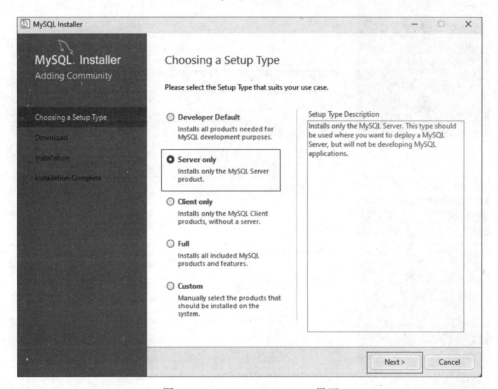

图 2.2 Choosing a Setup Type 界面

（3）安装完成后单击 Next 按钮，进入 Product Configuration 界面，如图 2.5 所示。
单击 Next 按钮，进入 Type and Networking 界面，如图 2.6 所示。

使用 MySQL 默认端口 3306，然后单击 Next 按钮。进入 Authentication Method 界面，默认选项是 Use Strong Password Encryption for Authentication（RECOMMENDED），如果选择这个选项，在后续使用图形化数据库访问工具 Navicat 时，可能会遇到一些访问问题。为了避免这个麻烦，建议选择 Use Legacy Authentication Method（Retain MySQL 5.x Compatibility）选项，如图 2.7 所示，然后单击 Next 按钮。

在 Accounts and Roles 界面中设置 root 用户的密码，如图 2.8 所示，然后单击 Next 按钮。

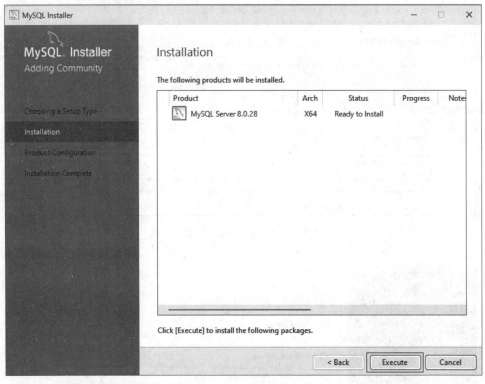

图 2.3　开始安装界面

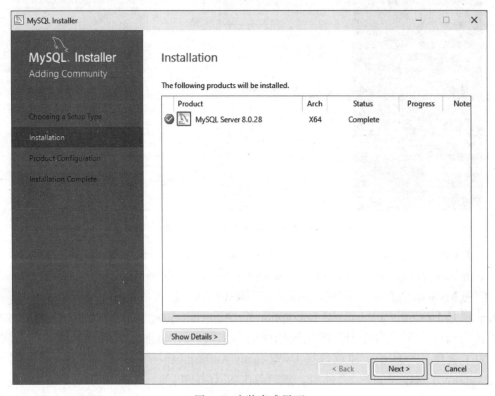

图 2.4　安装完成界面

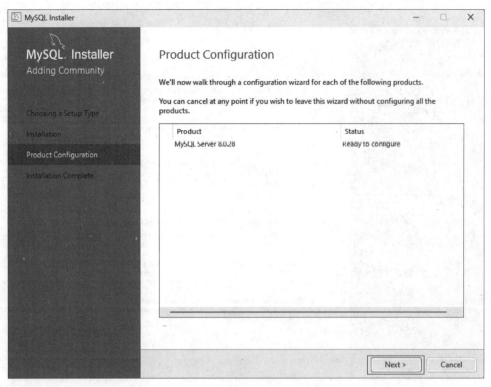

图 2.5 Product Configuration 界面

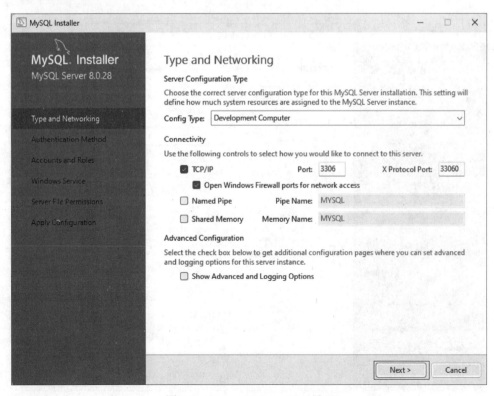

图 2.6 Type and Networking 界面

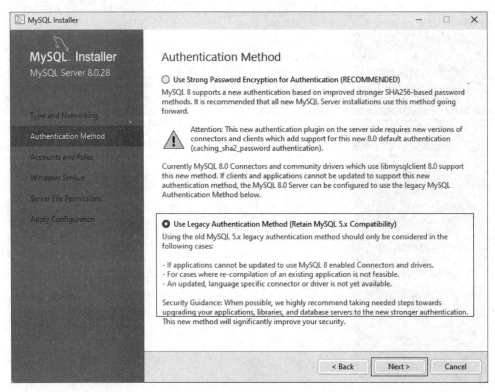

图 2.7　Authentication Method 界面

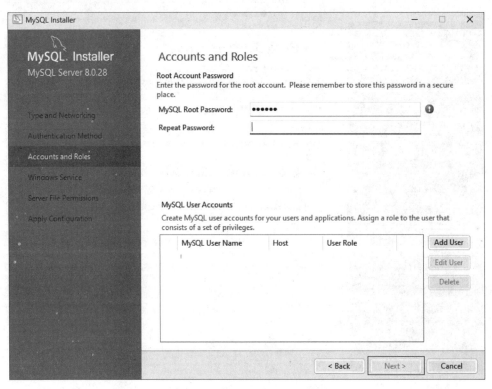

图 2.8　Accounts and Roles 界面

在 Windows Service 界面设置 Windows Service Name，并确保 Start the MySQL Server at System Startup 复选框被勾选，如图 2.9 所示，单击 Next 按钮。

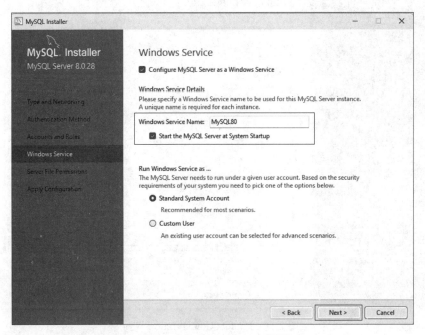

图 2.9　Windows Service 界面

进入 Apply Configuration 界面，单击 Exectute 按钮，如果看到所有的项目都被绿色对钩标记，那就表示配置成功，如图 2.10 所示，单击 Finish 按钮，完成 MySQL 的配置，进入 Product Configuration 界面，如图 2.11 所示。

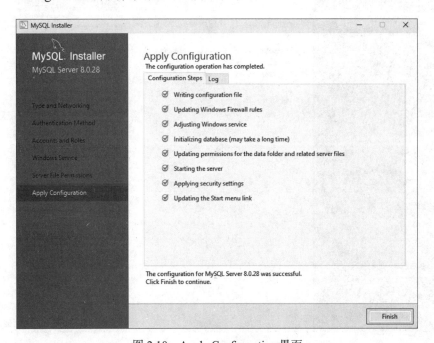

图 2.10　Apply Configuration 界面

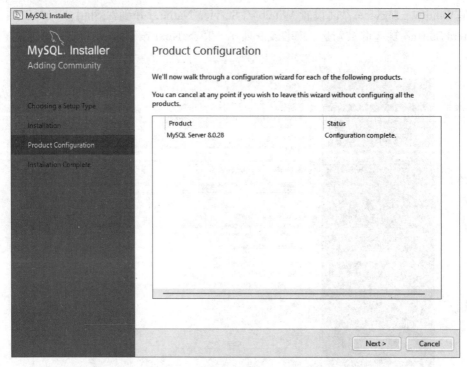

图 2.11　Product Configuration 界面

（4）单击 Next 按钮，进入 Installation Complete 界面，如图 2.12 所示。最后单击 Finish 按钮，完成 MySQL 的全部安装与配置。

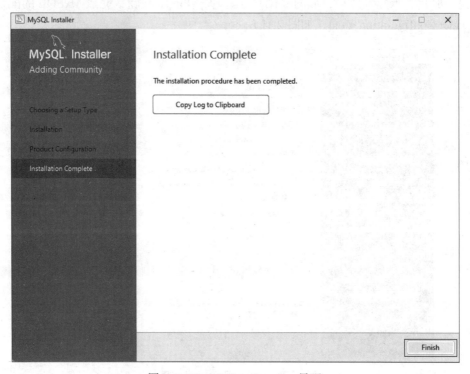

图 2.12　Installation Complete 界面

3. 配置 MySQL 8.0 环境变量

安装完成后，务必记住 MySQL 的安装路径。在 Windows 操作系统上，其默认安装路径通常为：C:\Program Files\MySQL\MySQL Server 8.0\。在这个路径下，有一个特别重要的子目录 bin，这个目录中存放着许多 MySQL 的可执行文件，如图 2.13 所示。由于 bin 目录中的文件数量众多，这里只列出了其中的一部分。这些文件是 MySQL 运行的重要组成部分，对其位置的了解将在以后的使用中起到关键作用。

本地磁盘 (C:) > Program Files > MySQL > MySQL Server 8.0 > bin			
名称	修改日期	类型	大小
lz4_decompress.exe	2021/12/17 9:34	应用程序	6,178 KB
my_print_defaults.exe	2021/12/17 9:35	应用程序	6,112 KB
myisam_ftdump.exe	2021/12/17 9:35	应用程序	6,366 KB
myisamchk.exe	2021/12/17 9:35	应用程序	6,488 KB
myisamlog.exe	2021/12/17 9:35	应用程序	6,335 KB
myisampack.exe	2021/12/17 9:35	应用程序	6,389 KB
mysql.exe	2021/12/17 9:35	应用程序	7,119 KB
mysql_config_editor.exe	2021/12/17 9:35	应用程序	6,126 KB
mysql_migrate_keyring.exe	2021/12/17 9:35	应用程序	7,089 KB
mysql_secure_installation.exe	2021/12/17 9:35	应用程序	6,999 KB
mysql_ssl_rsa_setup.exe	2021/12/17 9:35	应用程序	6,150 KB
mysql_tzinfo_to_sql.exe	2021/12/17 9:35	应用程序	6,067 KB
mysql_upgrade.exe	2021/12/17 9:35	应用程序	7,088 KB
mysqladmin.exe	2021/12/17 9:35	应用程序	7,010 KB
mysqlbinlog.exe	2021/12/17 9:35	应用程序	7,315 KB
mysqlcheck.exe	2021/12/17 9:35	应用程序	7,014 KB
mysqld.exe	2021/12/17 9:35	应用程序	49,928 KB

图 2.13　bin 目录

可以在命令行解释器下运行这些可执行文件来验证 MySQL 是否安装成功。假设命令行解释器中的当前工作目录是 MySQL 的安装目录，即 C:\Program Files\MySQL\MySQL Server 8.0\，可以使用相对路径执行 bin 目录下的 mysqld，如下所示：

```
./bin/mysqld
```

也可以通过直接输入 mysqld 的绝对路径来执行，如下所示：

```
C:/Program Files/MySQL/MySQL Server 8.0/bin/mysqld
```

然而，如果每次都需要输入一长串路径名才能使用 MySQL 等命令工具，这样会比较麻烦。一种更方便的方式是将 MySQL 的 bin 目录添加到系统的环境变量中，这样就可以在命令行解释器下直接使用 MySQL 命令。

手动配置 PATH 变量的操作步骤如下。

（1）在桌面上右击"计算机"图标，在弹出的快捷菜单中选择"属性"命令。

（2）在"系统"窗口中，单击"高级系统设置"链接。

（3）打开"系统属性"对话框，选择"高级"选项卡，然后单击"环境变量"按钮。

（4）在"环境变量"对话框中，找到系统变量列表中的 PATH 变量。

（5）单击"编辑"按钮，在"编辑环境变量"对话框中，将 MySQL 的 bin 目录（C:\Program Files\MySQL\MySQL Server 8.0\bin）添加到变量值中，如图 2.14 所示。

图 2.14　"编辑环境变量"对话框

（6）添加完成之后，单击"确定"按钮。这样，就完成了 PATH 环境变量的配置。现在可以直接在命令行中输入 MySQL 命令来登录数据库了。

2.3.3　MySQL 连接测试

1. 服务的启动与停止

微课：MySQL
连接测试

安装 MySQL 后，需要启动服务器进程，否则客户端无法连接到数据库。在前面的配置过程中，已经将 MySQL 设定为 Windows 服务，并且设置了当 Windows 启动或停止时，MySQL 也会随之自动启动或停止。可以使用以下方法启动或停止 MySQL 服务。

1）使用图形界面工具

（1）打开 Windows 服务，可以通过以下几种方式完成。

① 右击"计算机"，单击"管理"→"服务和应用程序"→"服务"标签；

② 单击"控制面板"→"系统和安全"→"管理工具"→"服务"标签；

③ 右击"任务栏"区域，选择"启动任务管理器"选项，然后单击"服务"标签；

④ 单击"开始"按钮，输入 services.msc 文字至"搜索框"输入域，然后按 Enter 键

进行确认。

（2）在服务列表中查找 MySQL80 服务项并右击，选择"启动"或"停止"选项，如图 2.15 所示。

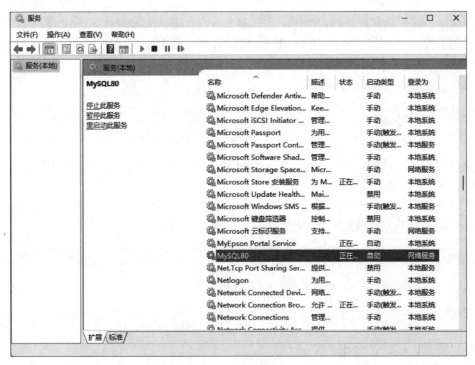

图 2.15　使用图形界面方式启动或停止 MySQL 服务

这样，就可以根据需要启动或停止 MySQL 服务了。

2）使用命令行工具

也可以用命令行工具来启动和停止 MySQL 服务。以下是相关命令。

启动 MySQL 服务命令：

```
net start MySQL 服务名
```

停止 MySQL 服务命令：

```
net stop MySQL 服务名
```

⚠️ **注意：**

① 在使用 start 和 stop 命令时，后面的服务名必须与之前配置时指定的服务名一致。

② 如果在输入命令后，系统提示拒绝服务，那么需要以系统管理员身份打开命令提示符界面，然后重新尝试。

2. 登录与退出 MySQL 服务器

当 MySQL 服务启动完成后，可以使用客户端登录 MySQL 数据库。既可以使用 Windows 命令行进行登录，也可以使用 MySQL 自带的客户端进行登录。下面将以使用命令行为例进行详细介绍。

首先，打开 Windows 命令行，然后输入以下命令：

```
mysql -u root -h localhost -P 3306 -p
Enter password:****
```

在这里，客户端和服务器位于同一台机器上，所以输入 localhost 或者 IP 地址 127.0.0.1。同时，因为是连接本机，所以 -h localhost 可以省略；如果端口号没有修改，-P 3306 也可以省略。

因此，上述命令可以简写如下：

```
mysql -u root -p
Enter password:****
```

⚠ **注意**：小写的 p 是英文单词 password 的缩写，代表密码。而大写的 P 是英文单词 port 的缩写，代表端口号。

连接成功后，将看到有关 MySQL Server 服务版本的信息，以及连接的 ID。也可以在命令行中通过以下方式获取 MySQL Server 服务版本的信息：

```
mysql --version
```

或者在登录后，通过以下方式查看当前版本信息：

```
mysql> select version();
```

退出登录，可以使用 exit 或 quit 命令。

3. 查看 MySQL 服务器上的数据库信息

可以使用命令"show databases;"查看 MySQL 服务器上的所有数据库，如图 2.16 所示。

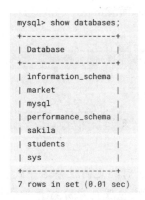

图 2.16 中有四个数据库是 MySQL 系统自带的数据库，每个数据库都有其特殊的用途和重要性，下面对它们进行详细介绍。

（1）information_schema 数据库：主要保存 MySQL 数据库服务器的系统信息，如数据库的名称、数据表的名称、字段名称、访问权限、数据文件所在的文件夹和系统使用的文件夹等。

（2）performance_schema 数据库：可以用来监控 MySQL 的各类性能指标。

（3）sys 数据库：主要以一种更容易被理解的方式展示 MySQL 数据库服务器的各类性能指标，帮助系统管理员和开发人员监控 MySQL 的技术性能。

图 2.16　查看 MySQL 服务器上的所有数据库

（4）mysql 数据库：保存了 MySQL 数据库服务器运行时需要的系统信息，如数据文件夹、当前使用的字符集、约束检查信息等。这些信息对于 MySQL 的正常运行是至关重要的。

4. 创建自己的数据库

可以使用命令"CREATE DATABASE 数据库名;"新建一个自己的数据库，如图 2.17 所示。

5. 使用自己的数据库

使用命令"USE 数据库名;"可以将当前数据库设置为指定的数据库。例如，要设置当前数据库为 studb 数据库，SQL 代码如下：

```
mysql> CREATE DATABASE studb;
Query OK, 1 row affected (0.01 sec)
```

图 2.17 创建一个新的数据库

```
# 设置当前数据库为 studb 数据库
USE studb;
```

📝 **说明**：如果没有使用 USE 语句，并且后续对数据库的操作也没有加上数据库名的限定，系统会报"ERROR 1046（3Doo0）：No database selected（没有选择数据库）"的错误。一旦使用了 USE 语句，如果接下来的所有 SQL 操作都是针对同一个数据库的，那么就不需要重复使用 USE 语句。但是，如果需要对另一个数据库进行操作，那么就需要再次使用 USE 语句。

6. 新建一张表并插入数据

在这里，将简单展示如何在数据库中新建一张表并插入两条学生数据记录。后续项目会对这些 SQL 命令进行深入讲解。

在命令行中执行以下语句：

```
# 在 studb 数据库中新建一个 student 表，存储学号和姓名信息
CREATE TABLE student (id int, stuname varchar(10));
# 向 student 表中插入 2 条学生记录
INSERT INTO student VALUES (1,'Mary');
INSERT INTO student VALUES (2,'Lisa');
# 查询 student 表所有信息
SELECT * FROM student;
```

操作结果如图 2.18 所示。

```
mysql> USE studb;
Database changed
mysql> CREATE TABLE  student (id int, stuname varchar(10)) ;
Query OK, 0 rows affected (0.05 sec)

mysql> INSERT INTO  student VALUES (1,'Mary');
Query OK, 1 row affected (0.01 sec)

mysql> INSERT INTO  student VALUES (2,'Lisa');
Query OK, 1 row affected (0.01 sec)

mysql> select * from student;
+------+---------+
| id   | stuname |
+------+---------+
|    1 | Mary    |
|    2 | Lisa    |
+------+---------+
2 rows in set (0.00 sec)
```

图 2.18 在 studb 数据库中新建一张表并插入数据记录的 SQL 代码演示

2.3.4 MySQL 的图形化管理工具

MySQL 图形化管理工具极大地方便了数据库的操作和管理。常用的 MySQL 图形化管理工具有 MySQL Workbench、DBeaver、Navicat for MySQL、SQLyog、phpMyAdmin 等，它们的功能和使用方式大同小异。下面选取其中三个常用的工具进行简要介绍。

微课：MySQL
的图形化管理
工具

1. MySQL Workbench

MySQL Workbench 是 MySQL 官方提供的图形化管理工具，完全支持 MySQL 5.0 及以上版本。MySQL Workbench 分为社区版和商业版，其中社区版完全免费，而商业版则按年收费。

MySQL Workbench 为数据库管理员、程序开发者和系统规划师提供了可视化设计、模型建立及数据库管理功能。它包含用于创建复杂的数据建模 E-R 模型、正向和逆向数据库工程的工具，可以用于执行通常需要花费大量时间、难以变更和管理的文档任务。

2. DBeaver

DBeaver 是一个通用的数据库管理工具和 SQL 客户端，支持所有流行的数据库：MySQL、PostgreSQL、SQLite、Oracle、DB2、SQL Server、Sybase、MS Access、Teradata、Firebird、Apache Hive、Phoenix、Presto 等。DBeaver 相较于大多数的 SQL 管理工具更轻量，而且支持中文界面。DBeaver 社区版作为一个免费开源的产品，在功能和易用性上表现不错。

⚠ 注意：DBeaver 是用 Java 编程语言开发的，所以需要拥有 JDK（Java development toolKit）环境。如果计算机上没有 JDK，在选择安装 DBeaver 组件时，勾选 Include Java 即可。

3. Navicat for MySQL

Navicat for MySQL 是一个强大的 MySQL 数据库服务器管理和开发工具。它可以与任何 3.21 及其以上版本的 MySQL 一起工作，支持触发器、存储过程、函数、事件、视图、管理用户等，对于新手来说易学易用。其精心设计的图形用户界面（graphical user interface，GUI）方便用户用一种安全简便的方式快速创建、组织、访问和共享信息。Navicat for MySQL 支持中文，有免费版本提供。

本书主要介绍 Navicat for MySQL，在后续项目中也会一直使用。Navicat for MySQL 的安装步骤比较简单，读者根据安装向导可以轻松安装成功。下面介绍用 Navicat for MySQL 连接 MySQL 数据库的步骤。

（1）打开 Navicat for MySQL，单击"连接"图标，如图 2.19 所示。

在"新建连接"对话框中输入连接名、主机名或 IP 地址、端口、用户名和密码，如图 2.20 所示，单击"连接测试"按钮，连接成功后，再单击"确定"按钮，就创建好了一个连接。

（2）双击"连接名"项打开连接，就可以看到所连接的计算机上已经存在的数据库，这里可以看到随 MySQL 安装程序已经安装好的几个默认的系统数据库，如图 2.21 所示。

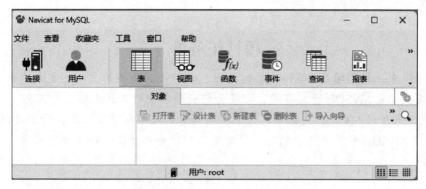

图 2.19　Navicat for MySQL 界面

图 2.20　新建连接界面

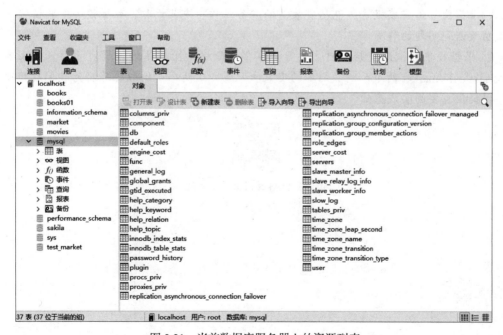

图 2.21　当前数据库服务器上的资源列表

◆ 项目任务单 ◆

在本模块中，我们学习了 MySQL 的特点、优势及其发展历史中的重大事件，并探讨了如何安装和配置 MySQL 开发环境，以及如何利用命令行工具或第三方工具（如 Navicat for MySQL）来访问 MySQL 数据库。为了检验读者的理解和掌握程度，请完成以下任务。

1. 列举 MySQL 发展历史中的几个重要里程碑事件，并简述每个事件的重要性。

_____

_____

2. 描述对 MySQL 的特点和优势的理解，可以从性能、可靠性、易用性等方面进行阐述。

_____

_____

3. 描述如何安装和配置 MySQL 开发环境，包括必要的软件和配置步骤。

_____

_____

◆ 拓 展 任 务 ◆

1. MySQL 8.0 安装实践。具体要求如下：

（1）在个人计算机上安装 MySQL 8.0 数据库服务器；

（2）安装过程中记录关键步骤和遇到的问题及解决方案；

（3）提交一份安装报告，包括安装前的准备工作、安装步骤、配置设置、验证安装是否成功及遇到问题的解决方法。

2. 根据提供的微课视频，自主学习并掌握"数据库操作体验"模块的内容。请确保完成 sakila 和 market 两个示例数据库的安装和配置。这两个示例数据库将为我们后续项目的学习提供重要的实践基础。

微课：Market 网上菜场系统
分析与相关数据库讲解

项目 3

数据库设计

 项目目标

- 能够概括数据库设计的基本步骤和方法；
- 能够规范地绘制 E-R 图；
- 能够对数据表进行 3NF 规范化处理；
- 能够对相关需求进行整理、汇总、抽象，设计高可用的数据库。

 项目描述

数据库是信息的仓库，为应用程序提供了数据管理和信息展示的功能。优秀的数据库设计是应用程序成功的基石，为应用程序的其他部分提供了坚实的基础。如果数据库无法安全且高效地存储和管理数据，那么无论应用程序的其他部分设计得多么出色，都无法充分发挥其潜力。因此，可以把数据库比作建筑物的地基：如果没有稳固的地基，即使建筑技术再出色，建筑物也无法达到预期的效果。

在本项目中，我们将首先概括地介绍数据库设计的基本步骤和方法，并让读者熟悉关系数据库的基本概念。然后，详细解析数据库设计的各个阶段，并以 Market 网上菜场数据库的设计为例，将理论与实践相结合，帮助读者更好地理解和掌握数据库设计的原理和方法。

任务 3.1 了解数据库设计

微课：了解数据库设计

数据库设计分为四个阶段：需求分析、概念设计、逻辑设计和物理设计。

（1）需求分析：数据库设计的第一步，主要是理解和厘清用户的数据需求。该阶段的目标是创建一个需求规格文档，详细描述系统应如何运行以及数据该如何存储。

（2）概念设计：该阶段将数据需求转化为一个高级的数据模型，这个模型通常包括实体、属性和它们之间的关系，但不涉及具体的实现细节。

（3）逻辑设计：该阶段将概念模型转化为逻辑模型，如关系模型。这个模型描述了数据如何在数据库中组织，包括表格、字段和索引等。

（4）物理设计：该阶段将逻辑模型转化为物理模型，涉及具体的数据库设计，如数据存储位置和存储效率等。

数据库设计的过程涉及多个角色，包括系统分析师、数据库设计师、用户、数据库管理员和程序员。

（1）系统分析师和数据库设计师：数据库设计的核心人员，负责从需求分析到物理设计的整个过程。

（2）用户：主要参与需求分析阶段，提供数据需求和业务规则，帮助系统分析师和数据库设计师理解数据应如何被组织和访问。

（3）数据库管理员（DBA）：在设计过程中提供技术指导，也负责数据库的创建、维护和优化。

（4）程序员：负责编写应用程序代码，这些代码将与数据库进行交互。他们也负责配置和管理软硬件环境，以支持数据库的运行。

有了以上阶段和相关角色，数据库设计过程才能确保数据的组织、存储和检索的最优化，满足用户的需求并支持业务的运行。

任务 3.2　了解关系数据库的基本概念

微课：了解
关系数据库
的基本概念

尽管在某些应用场景中，关系型数据库可能不如其他类型的数据库（如 NoSQL 数据库）灵活和高效，但是因为关系型数据库的稳定性、可靠性和广泛的应用性，所以在许多情况下它仍然是主流的数据库选择。MySQL 就是一款典型的关系型数据库管理系统。在深入研究关系数据库的设计之前，需要先理解关系数据库的基本概念。这些概念将帮助我们建立对关系数据库的全面理解，为进一步的学习和应用奠定坚实的基础。

1. 关系

在数据库领域，关系（relation）是指一个二维表格，由行和列组成，用于存储和表示数据之间的关系。例如，market 数据库中的商品表就是一个关系，如图 3.1 所示，其中 product 是关系名，关系名用于唯一标识该关系。

productid	sortid	productname	price	quantity	image
1001	01	冬笋	39	100	images\vegetable\1.jpg
1002	01	冬瓜	2	100	images\vegetable\2.jpg
1003	01	生菜	6	100	images\vegetable\3.jpg
1004	01	香菜	9	300	images\vegetable\4.jpg
1005	01	西蓝花	5	100	images\vegetable\5.jpg

图 3.1　展示了一个关系的例子

2. 元组

一个元组（tuple）可以被视为表中的一行，常被称为一条记录或数据项。例如，在商品表中，关于"草莓"的那一行信息就构成了一个元组，如图 3.2 所示。

productid	sortid	productname	price	quantity	image
2008	02	柚子	15	100	images\fruit\8.jpg
2009	02	草莓	48	500	images\fruit\9.jpg
2010	02	车厘子	59	600	images\fruit\10.jpg
2011	02	柠檬	45	100	images\fruit\11.jpg

图 3.2　展示了一个元组的例子

3. 属性

实体的特征被称为属性（attribute），属性在表中以列的形式表示，也常被称为字段。例如，在 market 数据库的商品表中，商品 ID（productid）、商品名称（productname）、商品价格（price）等就是各自的属性，如图 3.3 所示。

productid	sortid	productname	price	quantity
1001	01	冬笋	39	100
1002	01	冬瓜	2	100
1003	01	生菜	6	100
1004	01	香菜	9	300
1005	01	西蓝花	5	100
1006	01	香葱	5	800
1007	01	黄豆芽	6	1000
1008	01	莲藕	6	1000
1009	01	青椒	7	100
1010	01	南瓜	2	100
1011	01	小青菜	5	500
1012	01	土豆	3	200

图 3.3　展示属性的例子

4. 域

域（domain）定义了属性可能的取值范围。例如，"性别"的域是｛男，女｝，而"年龄"的域是所有 0～150 的整数。

这种定义有助于保持数据的一致性和准确性，因为它限制了可以输入特定字段的值。

5. 候选键

在数据库中，候选键（candidate key，简称键）是能够唯一标识关系中一个元组的属性或属性组。并且，如果从这个属性组中去除任何一个属性，它就不再具有唯一标识元组的能力。例如，在客户表中，"客户 ID"就是一个候选键，因为它可以唯一标识表中的每一行。同样，在商品表中，"商品 ID"也是一个候选键。如果在客户表中添加一个字段"身份证号"，由于每个客户的身份证号也是唯一的，因此"身份证号"也可以被视为候选键。

此外，有时单个属性可能不足以唯一标识一个元组，这时需要多个属性共同构成候选键。例如，在一个订单详细表中，可能包含以下字段：订单 ID、商品 ID、数量。单独的订单 ID 或商品 ID 都无法唯一标识一个订单明细记录，但它们的组合（订单 ID + 商品 ID）可以唯一标识每一个订单明细记录，因此（订单 ID，商品 ID）可以作为一个候选键。

通过以上例子可以看出，候选键可以是单个属性，也可以是多个属性的组合，关键在于它们能够唯一标识关系中的每一个元组。

6. 主键

主键（primary key，又称主码）是唯一标识关系中每一个元组的属性或属性组。如果一个关系有多个候选键，可以选择其中任一个作为主键。例如，在客户表中，"客户 ID"就是一个主键，同样在商品表中，"商品 ID"也是一个主键。如果在客户表中添加一个字段"身份证号"，由于每个客户的身份证号也是唯一的，因此"身份证号"也可以被设置为主键。

⚠️ 注意："客户 ID"和"身份证号"不能同时都为主键，因为每个表只能有一个主键。

7. 外键

在关系数据库中，外键（foreign key）是一个非常重要的概念，它用于建立和维护表之间的关系。如果一个关系（或表）中的某个属性与另一个关系的主键相对应，那么这个属性就被称为外键。

例如，假设 market 数据库有两个表："商品表"和"商品类别表"。在"商品表"中，有一个属性叫"商品类别 ID"，这个属性用于标识商品属于哪个类别。而在"商品类别表"中，有一个属性也叫"商品类别 ID"，并且这个属性是该表的主键。在这种情况下，"商品表"中的"商品类别 ID"就是一个外键，它与"商品类别表"中的主键"商品类别ID"相对应。

外键的存在可以保证数据的参照完整性。这意味着，如果在"商品表"中为某个商品指定了一个商品类别 ID，那么这个 ID 必须在"商品类别表"中存在。这样可以防止出现无效的商品类别 ID，确保数据的准确性和一致性。

⚠️ 注意：虽然外键通常对应另一个表的主键，但也可以对应另一个表的任何具有唯一性的字段。此外，一个表中可以有多个外键，而且一个外键可以对应多个表。

任务3.3 需求分析

微课：需求分析

3.3.1 需求分析的基本概念

需求分析是设计数据库的起点。这个阶段的结果对于后续的设计阶段至关重要，因为它直接影响设计的合理性和实用性。如果没有准确地理解用户需求，我们就无法为他们构建有效的解决方案。

在分析需求时，必须记住不论是企业用户还是个人用户，通常不是技术人员，依赖用户明确知道他们需要什么以及如何实现这些需求，通常是不现实的。相反，应该建立一个解决应用问题的系统。因此，必须考虑所有数据库应用程序使用者需要什么，为他们提供一个直观易用的界面，使他们能够操作自己的数据，并维护数据的完整性。

在需求分析阶段，通过制定详细的问题清单，充分开展调研（针对企业用户，调研现行业务；针对个人用户，调研使用习惯和需求），筛选和提炼用户需求，从而形成需求说明书。在这个过程中，必须强调以下两点。

（1）需求分析必须考虑未来可能的扩展和变化。设计的数据库应具有一定的灵活性，以便未来易于修改和扩展。

（2）用户的参与至关重要。尽管用户可能不是技术专家，但他们对业务的理解是无可替代的。他们的参与可以更好地厘清业务需求，从而设计出更符合实际需求的数据库。

需求分析的目标是将最终产品的相关概念详细地记录到一个文档中，而不是开始设计将要被实现的具体模型。在这个阶段，目标是理解用户的需求，而不是确定具体的实现方式。

3.3.2 制定问题清单

在项目的开始阶段就应该明确需要，向用户提出相关问题，以便更深入地了解项目的目标和范围。需要询问的问题通常涵盖多个方面，如功能需求、性能需求、数据需求、安全需求、可靠性需求、接口需求、界面需求以及非功能需求等。本书的重点是数据库设计，主要关注与此相关的需求，以便更有效地定义和设计符合项目要求的数据库应用系统。这些需求具体包括：功能需求、数据需求、数据完整性以及数据安全性。

（1）功能需求。这类问题主要关注系统预期实现的功能，以及如何实现这些功能。例如，系统应该执行哪些任务？用户可以进行哪些操作？

（2）数据需求。这类问题有助于了解项目所需的数据类型和结构。明确数据需求可以帮助定义数据库中的表。例如，需要存储哪些数据？这些数据应该如何组织？通过回答这些问题，可以更清晰地设计出符合项目需求的数据库架构。

（3）数据完整性。这类问题关注数据的完整性，有助于定义数据库中要实施的一些完整性约束。例如，哪些字段是必填的？哪些字段的值应该在特定的范围内？

（4）数据安全性。这类问题关注应用程序的安全性。回答以下这些问题有助于确定哪种数据库产品最适合（不同的产品提供不同的安全性级别），以及应该采用何种架构。例如，需要哪些安全措施来保护数据？哪些用户可以访问哪些数据？

例如，如果希望优化现有的 market 网上菜场系统，可以制定一个问题清单，如表 3.1 所示，以收集用户的新需求。这个问题清单可以作为项目开始的起点，随着讨论的深入，逐渐确定项目的方向。

表 3.1　market 网上菜场系统优化项目问题清单

问题类别	问 题 描 述
功能要求	改造现有系统的原因是什么
	新系统应该实现什么功能
	系统的用户界面应该是什么样的
	需要哪些报表

问题类别	问题描述
数据需求	用户界面需要显示哪些数据
	当前是如何处理这些任务的，数据应该从哪里获取
	这些数据之间有什么关联
	需要哪些字段？例如，订单详细信息表中是否需要添加一个评论字段
数据完整性	各个字段可以接受哪些值
	各个字段的有效范围（允许的值）是什么？例如，电话号码的格式应该是什么
	哪些字段应该参照外键
	如果用户长期不下订单，是希望删除对应的记录，还是设置一个活跃字段
数据安全性	每个用户是否需要单独的密码
	不同的用户是否需要访问不同的数据段
	数据库中的数据是否需要加密
	是否需要提供审计日志来记录每个操作和操作者？例如，可以查看哪位管理员修改了商品价格、库存等信息，然后询问此管理员这样做的原因
	每种用户类型的数量将是多少
	现有的文档是否描述了用户的任务和职责
	需要多久备份一次数据
	如果系统崩溃并丢失一些数据，可能会产生什么后果

3.3.3　调研业务现状

深入了解业务流程和用户操作对于项目的开发具有重要的指导意义。观察并记录用户的操作流程，必要时，可以绘制流程图或者使用其他形式的图表来帮助可视化用户的操作。这些图表也可以验证数据库的设计是否与用户的实际需求相吻合。

此外，还可以通过其他方式收集需求，例如，查阅公司已有的描述用户角色的操作手册和文档，或者研究用户当前使用的数据库、表格、文件和文档等。理解信息的使用方式以及不同信息之间的关系至关重要。

项目的规模和复杂度将决定用户需求收集阶段所需的时间。一些小型的项目可能只需要几个小时，而一些大型或复杂的项目可能需要花费数周甚至数月的时间。

调研业务现状不仅可以理解用户的需求，还可以发现可能存在的问题，例如，当前的业务流程是否存在不合理或者低效的地方。这些问题需要在数据库设计中得到解决。

3.3.4　筛选和提炼用户需求

在对用户的业务有了深入的理解，并收集到了一份详尽的期望特性清单后，为了将这份清单缩减至一个易于管理的范围，需要与用户进行深度交谈，以便确定需求的优先级。

可以将这些用户需求划分为以下三个优先级。

第一优先级（或称为版本 1）的用户需求是那些必须在首个项目版本中实现的基本功能，是项目成功的关键，缺少任何一个，项目都可能无法成功。

第二优先级（或称为版本 2）的用户需求是那些在版本 1 成功开发并投入使用后，如果时间和资源允许，可以考虑在后续版本中实现的特性。如果版本 1 的开发进展顺利，可以考虑将部分第二优先级的需求提前到版本 1 中实现，但这并非必需，且不影响用户的基本体验。

第三优先级（或称为版本 3）的需求是那些用户认为有吸引力，但并不如前两个优先级重要的特性。这些特性可能包括一些独特但非核心的功能，可以在项目的初期阶段暂时不考虑它们。

通过优先级的划分，不仅可以确保项目按照用户的核心需求进行开发，同时也为后续版本的开发提供了清晰的方向。

下面我们选取 Market 网上菜场系统的部分需求进行分类和确定优先级。

（1）系统可以实现客户在线买菜，包括将选中的商品加入购物车、对其编辑、下单支付等。

（2）客户界面要色彩丰富、美观协调。

（3）系统可以定期发布公告。

（4）系统为买家提供在线养鱼和种植水果小游戏。

（5）卖家可以对商品类别信息进行增、删、改、查管理。

（6）系统需要提供每月销售额报表。

（7）系统需要保存商品的信息，包括 ID、名称、价格、库存量、图片和描述信息。

（8）系统需要客户注册个人信息，个人信息包括 ID、客户名、密码、性别、头像、联系方式、地址、电子邮箱等。

（9）订单信息包括订单号、菜品明细、下单时间、下单客户名、收货地址、收货邮箱等信息。

（10）系统需要保存管理员信息，包括 ID、账号、密码、性别、头像、手机、电子邮箱等。

（11）公告信息包括 ID、内容、发布者和发布时间。

（12）联系方式必须包括手机号码，手机号码格式为 11 位阿拉伯数字。

（13）性别只能取男或者女，默认值为男。

（14）送货地址不能超过 256 个字符。

（15）每个客户需要通过密码验证后登录系统。

（16）系统需要设置客户和管理员两类角色。

（17）系统数据需要每天固定时间自动备份到另一台服务器上。

（18）买家不能修改商品信息，每个客户只能修改自己的个人信息。

按照数据要求、功能要求、数据完整性、数据安全性对以上需求进行分类，如图 3.4 所示。

再根据优先性确定需求级别，如图 3.5 所示。

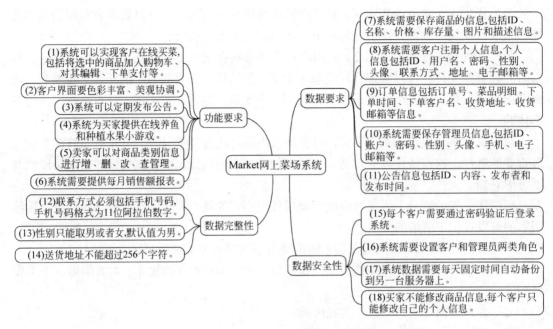

图 3.4　Market 网上买菜系统需求分类

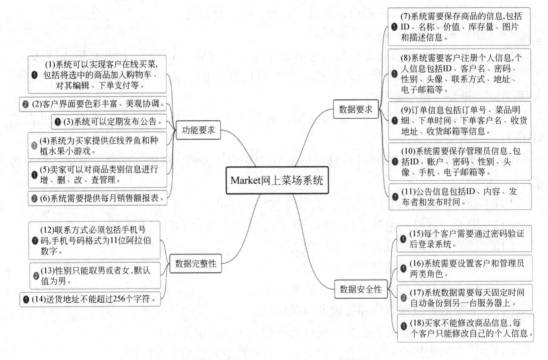

图 3.5　Market 网上买菜系统需求定级

注：①②③分别为第一、第二、第三优先级。

3.3.5　撰写需求文档

需求文档，也称需求规格说明书（requirements specification，RS），是需求分析阶段的关键产出。它作为用户和开发者之间的技术协议，为设计、开发、测试和验收等后续工作提供了基础和依据。

需求规格说明书应当是完整的、一致的、精确的、无歧义的，同时也需要简洁明了、易于理解和修改。在团队中，应使用统一的格式来描述需求，以保持需求分析描述的一致性。可以选择使用现有的、满足项目需求的模板，也可以根据项目的特性和开发团队的特点对标准模板进行适当的修改，以形成适合自己团队的模板。

虽然数据库设计只是软件项目开发中的一部分，但是精确的需求文档对于数据库设计的成功同样至关重要。因此，即使本书不对需求文档的具体撰写方法进行详细介绍，仍然建议感兴趣的读者对其深入学习。

任务 3.4　概 念 设 计

微课：概念设计

3.4.1　概念设计的基本概念

将需求清单转化为数据库的过程中还有一步是将其形式化为一个更专业的模型，这个过程被称为概念设计。这个阶段是整个数据库设计过程的关键，它通过对用户需求（通常是数据要求）的综合、归纳和抽象，形成一个独立于具体 DBMS 的概念模型。在关系型数据库设计中，通常使用实体关系模型（entity-relationship model，简称 E-R 模型）来表示实体、实体的属性和实体间的联系。概念设计的输入是需求分析，输出则是数据模型。这个阶段产生的数据模型将作为下一阶段逻辑设计的输入。

3.4.2　实体关系模型

实体关系模型使用一种图形化的方式来描述现实世界中的事物（实体）以及它们之间的关系，从而为数据库的物理设计提供基础。E-R 模型主要包括以下三类元素。

（1）实体（entity）：现实世界中客观存在且能够相互区分的事物。实体可以是具体的（如人、物），也可以是抽象的（如事件、概念）。在数据库设计中，一个实体通常对应于一个表。例如，商品、订单、客户都可以看作实体。

（2）属性（attribute）：用来描述实体的特性。例如，客户实体可能具有姓名、年龄、性别等属性。在数据库中，属性通常对应于表的列。

（3）联系（relationship）：实体和实体之间的关系。联系可以是一对一、一对多或多对多的。例如，"客户订购订单"就是一个联系，它表示客户实体和订单实体之间的关系。在数据库中，联系可能通过外键或关联表来实现。

3.4.3 绘制实体关系模型

E-R 图能够清晰地展示出实体、属性，以及实体之间的关系。以下是绘制 E-R 图的基本步骤。

（1）确定实体：在开始绘制 E-R 图之前，首先需要确定现实世界中的实体。实体通常是需要存储信息的对象，如商品、订单、客户等。

（2）确定属性：确定实体后，需要为每个实体确定相关的属性。属性是描述实体特性的一种方式，例如，客户的属性有姓名、年龄、性别等。

（3）确定联系：最后，需要确定实体之间的关系。关系可以是一对一、一对多或多对多的。例如，确定客户实体和订单实体之间的关系，可以用"客户订购订单"这个联系。

在实际绘制过程中，通常使用矩形表示实体，椭圆形表示属性（其中主键属性需要在连线上再加一小斜线），实体与属性之间通过连线表示关联，如图 3.6 所示。

图 3.6　实体和属性的示例

实体之间的联系是通过菱形来表示的，而联系的名称则写在菱形的中间。每个联系通过连线与对应的实体相连接。更具体地说，可以通过在连线上添加标记来表示联系的类型（一对一、一对多、多对多）。

在 E-R 图中，主要考虑三种类型的联系，分别是"一对一""一对多"和"多对多"。接下来，将详细介绍这三种关系的特征和应用。

1. "一对一"的联系（1：1）

在这种联系中，实体集 A 中的每一个实体，在实体集 B 中至多（也可以没有）存在一个实体与之联系，反过来，实体集 B 中的每一个实体，在实体集 A 中也至多存在一个实体与之联系。这样的联系，称为"一对一"的关系，记作 1：1。例如，"订单"和"支付记录"的联系。每次客户完成购物，都会生成一个唯一的订单。与此同时，系统也会为这个订单生成一个对应的支付记录，记录这次交易的所有支付详情。这样，每个订单都有一个与之对应的支付记录，反过来，每个支付记录也只能对应一个订单。所以，可以说"订单"和"支付记录"之间存在一个 1：1 的联系，如图 3.7 所示。

图 3.7　订单和支付记录之间的"一对一"联系

2. "一对多"的联系（1：n）

实体集 A 和实体集 B 之间的"一对多"联系，是指在实体集 A 中的每一个实体，都可以与实体集 B 中的多个实体有联系。然而，反过来，实体集 B 中的每一个实体，只能与实体集 A 中的一个实体有联系，则称实体集 A 和实体集 B 之间存在一个"一对多"的关系，记作 $1:n$。在这个联系中，实体集 A 是"一"方，实体集 B 是"多"方。

例如，假设在 Market 网上菜场系统中有"商品类别"和"商品"两个实体集。每种商品类别可以包含多种商品，但每种商品只能归属于一种商品类别。在这种情况下，商品类别和商品之间就形成了一个"一对多"的关系，如图 3.8 所示。

3."多对多"的联系（$m:n$）

实体集 A 和实体集 B 之间的"多对多"联系，是指在实体集 A 中的每一个实体，都可以与实体集 B 中的多个实体有联系。反过来，实体集 B 中的每一个实体，也可以与实体集 A 中的多个实体有联系。则称实体集 A 和实体集 B 之间存在一个"多对多"的关系，记作 $m:n$。

例如，假设在 Market 网上买菜系统中有"订单"和"商品"两个实体集。一个订单可以包含多种商品，而一种商品也可以被包含在多个订单中。在这种情况下，订单和商品之间就形成了一个"多对多"的关系，如图 3.9 所示。

图 3.8　商品类别和商品之间的"一对多"联系　　　图 3.9　订单和商品之间的"多对多"联系

⚠️ **注意**：如果实体数量众多，导致 E-R 图过于复杂，可以采取以下策略绘制 E-R 图：
① 先分别绘制各个局部 E-R 图，再进行合并；
② 在合并时，需要注意去除重复的实体；
③ 为了保持图的整洁，可以省略属性（或次要属性）。

绘制 E-R 图并非一次就能完成，而是一个反复迭代、不断优化的过程。在实际操作中，需要根据实际需求和问题反馈，不断调整和优化模型。

3.4.4　Market 网上菜场系统的概念设计

以 Market 网上菜场系统的前台购物模块为例，进行概念设计，并绘制出 E-R 图。

（1）商品类别与商品：一个商品类别下可能有多个商品，而这里假设一个商品只能属于一个商品类别，如图 3.10 所示（在此图中，省略了次要属性）。

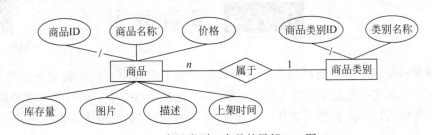

图 3.10　商品类别—商品的局部 E-R 图

（2）客户与订单：一个客户可以下多张订单，但一张订单只能属于一个客户，如图 3.11 所示。

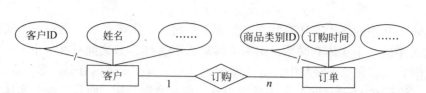

图 3.11　客户—订单的局部 E-R 图

（3）订单与商品：一张订单可以包含多个商品，而一个商品也可以出现在多张订单中，如图 3.12 所示。

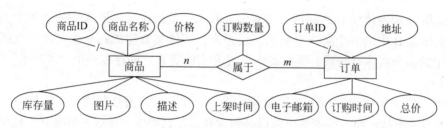

图 3.12　订单—商品的局部 E-R 图

最后，将以上三张局部 E-R 图进行合并，得到整体的 E-R 图，如图 3.13 所示。

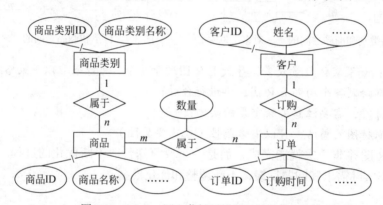

图 3.13　Market 网上菜场系统的总体 E-R 图

这个过程展示了如何从局部的实体关系开始，逐步构建出一个完整的、系统的 E-R 图，这对于理解和设计复杂的数据库系统非常有帮助。

任务 3.5 逻 辑 设 计

微课：逻辑设计

逻辑设计阶段主要负责将概念设计阶段得到的 E-R 模型转换为特定数据库管理系统（如 MySQL）所支持的数据模型（如关系模型）。在这个过程中，还需要对模型进行优化，如遵循各种范式以消除数据冗余和更新异常。这个过程称为规范化，将在任务 3.6 中详细介绍。

逻辑设计阶段的输入是 E-R 模型，而输出则是关系模式。这个阶段得到的关系模式将作为下一阶段——物理设计阶段的输入。

关系模式（relation schema）是对关系的描述。每个实体通常表示为一个关系模式，由实体的属性组成。其中，主键通常用下画线标注。例如，有一个"商品"的关系模式：商品（商品 ID、商品类别 ID、商品名称、价格、库存量、商品图片、描述、添加时间）。对于实体间的联系，需要根据具体情况进行不同的处理，例如，创建新的关系模式或在现有关系模式中添加外键等。

3.5.1 "一对一"联系的 E-R 模型到关系模式的转换

"一对一"联系可以有如下两种转换方式。

1. 联系单独对应一个关系模式

假设在 Market 网上菜场系统中，每个商品都有一个与之对应的库存信息，如图 3.14 所示。

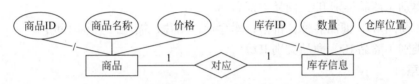

图 3.14 商品和库存信息之间的"一对一"联系

转换后的关系模式如下：
商品（商品 ID，商品名称，价格）
库存信息（库存 ID，数量，仓库位置）
商品与库存（商品 ID，库存 ID）

或

商品与库存（商品 ID，库存 ID）

⚠️ **注意：**

① 联系"商品与库存"单独对应一个关系模式，包含两个实体的主键属性。

② 因为商品和库存信息之间是"一对一"的联系，它们的地位是相等的，所以下画线可以加在商品的主键属性"商品 ID"下面，也可以加在库存信息的主键属性"库存 ID"下面。

2. 联系不单独对应一个关系模式

在 Market 网上菜场系统中商品和库存信息之间的 1∶1 联系还可以转换为以下关系模式：
商品（商品 ID，商品名称，价格，库存 ID）
库存信息（库存 ID，数量，仓库位置）

或

商品（商品 ID，商品名称，价格）
库存信息（库存 ID，数量，仓库位置，商品 ID）

⚠️ **注意：**

① 联系"商品与库存"不单独对应一个关系模式。

② 因为商品和库存信息之间是"一对一"的联系，它们的地位是相等的，所以可以把商品的主键属性"商品 ID"加到库存信息的关系模式中，也可以把库存信息的主键属性"库存 ID"加到商品的关系模式中。

③ 在实践中，一般使用"联系不单独对应一个关系模式"，因为这样可以减少关系模式的数量，简化数据库设计。

3.5.2 "一对多"联系的 E-R 模型到关系模式的转换

"一对多"联系有以下两种转换方式。

1. 联系单独对应一个关系模式

以图 3.10 所示的商品类别和商品之间的"一对多"联系为例，可以转换为以下关系模式：

商品类别（商品类别 ID，商品类别名称）

商品（商品 ID，商品名称，价格，库存量，图片，描述，上架时间）

商品类别（商品 ID，商品类别 ID）

⚠️ 注意：

① 联系"属于"单独对应一个关系模式，包含两个实体的主键属性"商品 ID"和"商品类别 ID"。

② 下画线加在"多方"（商品）的主键属性"商品 ID"下面。

2. 联系不单独对应一个关系模式

以上商品类别和商品之间的"一对多"的联系还可以转换为如下关系模式：

商品（商品 ID，商品名称，价格，库存量，图片，描述，添加时间，商品类别 ID）

商品类别（商品类别 ID，商品类别名称）

⚠️ 注意：

① 联系"属于"不单独对应一个关系模式。

② 在"多方"（商品）的关系模式中添加"一方"类别的主键属性"商品类别 ID"，这也就是外键。

③ 在实践中，一般使用联系不单独对应一个关系模式。

3.5.3 "多对多"联系的 E-R 模型到关系模式的转换

以图 3.12 所示的订单和商品之间的"多对多"联系为例，可以转换为以下关系模式：

商品（商品 ID，商品名称，价格，库存量，图片，描述，上架时间）

订单（订单 ID，地址，电子邮箱，订购时间，总价）

订单详情（订单 ID，商品 ID，订购数量）

⚠️ 注意：

① 联系"属于"必须单独对应一个关系模式（"多对多"一定会多一个关系模式），关系模式名称可以根据实际变更成一个更为合理的名称，这里改成"订单详情"，包含两个实体的主键属性"订单 ID"与"商品 ID"和联系"属于"本身的属性"订购数量"。

②"订单 ID"和"商品 ID"都要加下画线,它们是联合主键。

③"订单 ID"和"商品 ID"分别是两个外键,其中"订单 ID"参考引用了订单表中的"订单 ID","商品 ID"参考引用了商品表中的"商品 ID"。

3.5.4 Market 网上菜场系统的逻辑设计

在这一部分,将参照 Market 网上菜场系统的 E-R 图,进行逻辑设计,将实体和联系转换为关系模式。以下是转换后的关系模式。

1)商品类别(商品类别 ID,商品类别名称)

在这个关系模式中,商品类别 ID 是主键,用于唯一标识每个类别。

2)商品(商品 ID,商品名称,价格,库存量,图片,描述,上架时间,商品类别 ID)

在这个关系模式中,商品 ID 是主键,用于唯一标识每个商品。商品类别 ID 是外键,链接到"商品类别"关系模式,表示商品属于哪个类别。

3)客户(客户 ID,姓名,密码,性别,头像,电话,问题,回答,地址,电子邮箱)

在这个关系模式中,客户 ID 是主键,用于唯一标识每个客户。

4)订单(订单 ID,地址,电子邮箱,订购时间,总价,客户 ID)

在这个关系模式中,订单 ID 是主键,用于唯一标识每个订单。客户 ID 是外键,链接到"客户"关系模式,表示订单是由哪个客户下的。

5)订单详情(订单 ID,商品 ID,订购数量)

在这个关系模式中,订单 ID 和商品 ID 共同组成了复合主键,用于唯一标识每个订单详情。订单 ID 作为外键,链接到"订单"关系模式;商品 ID 作为外键,链接到"商品"关系模式。

以上就是 Market 网上菜场系统的逻辑设计。通过这种方式,能够清晰地看到各个实体之间的关系,以及如何通过关系模式来表示这些关系。这对于理解和实现数据库系统至关重要。

任务 3.6 数据库的规范化

微课:数据库
的规范化

数据库规范化是一种使数据更灵活、更健壮的方法,可以使数据库更能适应数据结构的变化,并提高数据库对某些类型错误的抵抗力。

3.6.1 规范化的概念

设计关系数据库时,可能存在以下各种问题。

(1)数据库可能包含大量重复的数据:假设有一个"订单"表,其中包含了客户 ID、商品 ID、商品名称、商品价格等信息。每当客户下单,就会在表中添加一行新的记录。这种设计可能导致商品名称和价格的重复。例如,如果多个客户购买了同一种商品,那么商品名称和价格就会在每个客户的订单记录中重复。这不仅浪费存储空间,而且如果商品价格发生变化，还需要更新所有包含这个商品的订单记录，这既耗时又费力。

（2）数据库可能错误地关联了两个不相关的数据段：假设有一个"客户"表和一个"客户地址"表，客户表中有一个字段是客户的默认地址。如果错误地将客户表中的默认地址字段直接关联到地址表中的某个特定地址，那么当需要删除这个地址时，会导致问题。具体来说，如果试图删除地址表中的这个地址记录，由于客户表中的默认地址字段依赖于该记录，那么这将导致数据库的完整性受损。正确的做法是通过外键来管理这种关联，并确保在删除地址记录时能够同时更新或删除相关的客户记录。

（3）数据库可能限制客户为多值的数据段输入值的数量：假设有一个"客户"表，其中有一个字段是客户的电话号码。如果这个字段只能存储一个值，那么当客户想要添加第二个电话号码（如家庭电话或办公电话）时，就无法进行。这就限制了客户为多值的数据段输入值的数量。

在数据库术语中，这些问题被称作"异常"。

规范化是一种重新组织数据库的过程，可以将数据库转换为能防止这类异常的标准形式。总共有 7 种不同的规范化级别，每一级都包括它之前的级别。例如，如果一个数据库满足第三范式（third normal form），则意味着它也满足第二范式（second normal form）的所有特性。这意味着如果数据库达到了某一级别的规范化，那么按定义，它也将获得所有更低级别的特点。

不同级别的规范化按照从弱到强的顺序列出如下。

（1）第一范式（first normal form，1NF）。

（2）第二范式（second normal form，2NF）。

（3）第三范式（third normal form，3NF）。

（4）Boyce-Codd 范式（boyce-codd normal form，BCNF）。

（5）第四范式（fourth normal form，4NF）。

（6）第五范式（fifth normal form，5NF）。

（7）域 / 键范式（domain/key normal form，DKNF）。

采用 DKNF 的数据库具有强大的防止异常的能力，能够提高操作效率并具备其他各种高级数据库的功能。

关系模式的规范化过程，就是通过对关系模式的分解，将低一级范式的关系模式转换为若干个高一级的关系模式的集合。

⚠️ **注意：**

① 这种分解并非唯一的方式。

② 并非规范化程度越高，关系模式就越好。应根据实际情况选择合适的规范化级别。

③ 在实际应用中，通常规范化到第三范式（3NF）就足够了。

3.6.2　第一范式（1NF）

第一范式的正式限定性条件如下：

• 规则 1：每个列必须有一个唯一的名称；

第一范式案例 .pdf

- 规则 2：行和列的次序无关紧要；
- 规则 3：每一列都必须有单个数据类型；
- 规则 4：不允许包含相同值的两行；
- 规则 5：每一列都必须包含一个单值；
- 规则 6：列不能包含重复的组。

规则 1 要求每个列都应该有一个唯一的名称。例如，在订单表中，可能有"订单 ID""客户 ID""订单日期"等列，每个名称都是唯 的，不会有两个"订单 ID"或"客户 ID"的列。

规则 2 表明行和列的次序对于关系模型的解释没有影响。在订单表中，无论"订单 ID"在"客户 ID"之前还是之后，或者"订单日期"在哪个位置，都不会影响表的内容或意义。同样，哪个订单的信息在前，哪个在后，也并不重要。

规则 3 要求每一列都只能包含同一种数据类型。例如，在订单表中，"订单 ID"可能是整数类型，"客户 ID"也可能是整数类型，"订单日期"可能是日期类型。不能在"订单 ID"列中同时存储整数和字符串。

规则 4 等价于声明每个表都有一个主键。即使两个订单的所有信息都相同（如同一个客户在同一天下了两个完全相同的订单），也应该为它们分配不同的"订单 ID"，以区分它们。

规则 5 是最有可能违背的规则。例如，不能在"订单 ID"列中存储多个订单 ID，或者在"客户 ID"列中存储多个客户 ID。如果一个订单包含多种商品，不应该在一个列中存储所有的商品名称，而应该在一个单独的"订单商品"表中为每种商品创建一个新行。

规则 6 表明不允许多个列包含不能区分的值。例如，不能在订单表中创建"商品 1""商品 2""商品 3"等列来存储客户购买的商品。相反，应该创建一个单独的"订单商品"表，其中每行代表订单中的一种商品。

3.6.3　第二范式（2NF）

满足第一范式的关系模式（以及对应的表）就是合法的，但是有可能会存在数据冗余、更新异常、插入异常、删除异常等一系列问题。

以表 3.2 所示的商品订单表为例，虽然满足了第一范式，但会存在以下问题。

表 3.2　商品订单表

商品 ID	商品名	价格	订单 ID	客户名	地址
p01	苹果	10	0001	李白	北京
p01	苹果	10	0002	杜甫	上海
p02	香蕉	5	0001	李白	北京

1. 数据冗余

出现了两次"苹果"，如果这种商品在 n 个订单中被订购，则会重复 $n-1$ 次；同理，"李白"也出现了两次，如果他订购了 n 种商品，也会重复 $n-1$ 次。

2. 更新异常

如果将商品名"苹果"修改成"红富士苹果"，则要修改 n 次，数据库无法约束漏改或错改，多次修改有可能导致数据不一致；同理，如果"李白"的地址从"北京"改成了"深圳"，也需要修改 n 次，也有可能漏改或改错导致数据不一致。

3. 插入异常

如果新增一种商品，暂时还没有订单，由于缺乏主键"订单 ID"，那么该商品的信息也无法被插入表中。

4. 删除异常

如果购买"苹果"的所有客户（"李白"和"杜甫"）都取消了订单，则需要把他们从表中删除，此时"苹果"这种商品的相关信息也都被删除了，而事实上，这种商品的信息应该保留。

因此仅仅满足第一范式是不够的。

要想符合第二范式，则需要满足以下条件：

（1）它符合第一范式；

（2）所有的非键值字段均依赖所有的键值字段。

在商品订单表中，"地址"依赖于"客户名"，而不是依赖于主键字段"商品 ID"，因此表 3.2 所示的商品订单表，不满足第二范式。

把表 3.2 拆分成表 3.3～表 3.5，就能满足第二范式。拆分的要点是，每个表只描述一个实体或联系。

表 3.3　商品表

商品 ID	商品名	价格
p01	苹果	10
p02	香蕉	5

表 3.4　客户表

客户 ID	姓名	地址
c001	李白	北京
c002	杜甫	上海

表 3.5　订单表

订单 ID	商品 ID	客户 ID
0001	p01	c01
0001	p02	c01
0002	p01	c02

表 3.5 中，"商品 ID"和"客户 ID"是外键（分别对应商品表和客户表），它们组成联合主键，这样就可以在很大程度上消除数据冗余、更新异常、插入异常、删除异常等一系

列问题。

3.6.4　第三范式（3NF）

仅满足第二范式，还是有可能会存在数据冗余、更新异常、插入异常、删除异常等一系列问题。

以表 3.6 所示的商品表为例，其虽然满足了第二范式，但是存在以下问题。

表 3.6　商品表（满足第二范式）

商品 ID	商品名	品类	品类折扣
p001	苹果	水果	0.8
p002	香蕉	水果	0.8
p003	土豆	蔬菜	0.9

（1）数据冗余。出现了两次"水果"和"0.8"，如果有 n 种水果，则会重复 $n-1$ 次。

（2）更新异常。如果将"水果"的品类折扣调整到"0.75"，则要修改 n 次。数据库无法约束漏改或错改，这样修改有可能导致数据不一致。

（3）插入异常。如果新增一个品类"肉类"，但暂时还没有哪种商品属于该品类，且由于缺乏主键"商品 ID"，那么该品类的信息也无法被插入表中。

（4）删除异常。如果所有的"水果"（"苹果"和"香蕉"）都下架了，需要把它们从表中删除，此时"水果"这个品类的相关信息也都被删除了，而事实上，这个品类的信息应该保留。

因此仅仅满足第二范式也是不够的。

要满足第三范式，则需要满足以下条件：

（1）它符合第二范式；

（2）数据表中任何两个非主键字段的数值之间不存在函数依赖关系，即每个非主键字段不传递依赖于主键。

表 3.6 中，"品类折扣"依赖于"品类"，而不是依赖于主键字段"商品 ID"，因此表 3.6 不满足第三范式。

把表 3.6 拆分成表 3.7 和表 3.8，就能满足第三范式。

表 3.7　商品表

商品 ID	商品名	品类
p001	苹果	水果
p002	香蕉	水果
p003	土豆	蔬菜

表 3.8　品类折扣表

品类	品类折扣
水果	0.8
蔬菜	0.9

许多数据库设计人员会止步于将数据库规范化为 3NF，因为它提供了最高的性价比。将数据库转换为 3NF 较为容易，并且这种级别的规范化可以防止最常见的数据异常。它分开存储单独的数据，这样添加和删除信息就不会破坏无关的数据。它还可以消除冗余的数据，使得数据库不会充满大量相同信息的副本，从而避免空间的浪费，降低更新值的难度。

然而，数据库仍可能会遇到一些不常见的异常，这些异常可以通过更高级别的规范化来解决。但是，很多时候这些更高级别的规范并非必要，它们可能会产生复杂度过高的数据模型，这在实现、维护和使用上都可能带来困难，甚至在某些情况下，可能对数据库性能产生负面影响。

任务 3.7 物 理 设 计

经过优化和规范化的数据模型，就可以被设计成数据库，以支持软件应用程序。物理设计是一个关键步骤，它涉及将逻辑设计模型转化为一个最适合应用环境的物理结构，包括存储结构和存取方法。

物理设计的目标是提高数据处理的效率，减少存储空间的使用，并确保数据的安全性和完整性。它需要考虑许多因素，包括数据的访问模式、系统的性能需求、硬件和网络的限制，以及数据的安全性和备份策略等。

物理设计的输入是优化和规范化后的关系模式，物理设计的输出是数据库和表。在物理设计阶段，需要确定数据文件的存储位置、选择合适的索引，以加快数据访问、设计用户视图，以及确定数据的物理存储参数等。

以 Market 网上买菜系统为例，物理设计可能需要考虑如何有效地存储和查询商品信息、客户信息、订单信息等。可能需要为商品名称、客户 ID 等常用查询条件创建索引，以加快查询速度。同时，还需要考虑如何备份数据以防止数据丢失，并设计合适的用户视图以满足不同用户的需求。

如何创建数据库和表，以及如何进行物理设计的其他相关操作，将在后续项目任务中详细介绍。

◆ 项目任务单 ◆

在本项目中，我们深入探讨了数据库设计的核心概念和流程，包括如何理解和分析用户需求，如何将这些需求转化为数据模型，了解了如何使用实体关系模型来表示和设计数据库，如何将实体关系模型转换为关系模式，以及如何通过规范化来优化数据库设计。为了检验读者的理解和掌握程度，请完成以下任务。

1. 列举并简述数据库设计过程中的几个关键步骤，并解释每个步骤的重要性。

2. 描述对实体关系模型的理解，以及它在数据库设计中的作用。

_____

_____

3. 在数据库设计中，规范化是什么？规范化的主要目标是什么？请举例说明。

_____

_____

_____

◆ 拓 展 任 务 ◆

1. 根据本书提供的微课视频，深入学习"Market 网上菜场系统数据库设计综合案例"模块，理解数据库设计的基本原则和规范化过程。选择一个智慧校园的应用领域（如宿舍管理、图书管理、智慧餐厅等）设计一个初步的数据库结构，并尽可能地进行规范化。这个实践项目将帮助读者更好地理解和应用数据库设计的理论和方法。

2. sakila 数据库是 MySQL 官方提供的一个 DVD 租赁系统案例，涵盖了完整的业务模型和数据库设计。请访问 MySQL 官网，下载并仔细阅读 sakila 数据库的介绍文档，从而深入理解其背后的业务逻辑和设计原则。本任务要求读者研究 DVD 租赁系统的各项业务流程，如客户注册、DVD 租赁、归还处理、费用计算等，并分析 Sakila 数据库的设计细节，包括表结构、关系模型等。这个实践任务将帮助读者深刻理解复杂数据库系统设计的思路和方法。

微课：数据库设计案例分析

项目 4

数据库和表的管理

 项目目标

- 能够使用 SQL 语句创建、修改和删除数据库和表;
- 能够运用 Navicat 创建、修改和删除数据库和表。

 项目描述

　　数据库和表的创建与管理是实现数据库设计的关键环节。在这个过程中,我们将把数据库设计理论转化为实践,将抽象的数据模型转化为具体的数据库和表结构。从中可以看到,优秀的数据库设计如何为数据的存储和管理提供有效的支持,并使得应用程序的开发和运行变得更加顺畅。

　　在本项目中,我们将首先了解 SQL,学习如何使用 SQL 语句和 Navicat 等工具来创建、修改、删除数据库和表。我们将详细介绍这些操作的语法和步骤,并通过实例来演示它们的使用方法。读者将能够熟练地使用 SQL 和 Navicat 来操作数据库和表,进一步提升数据库管理技能,并将数据库设计理念成功地应用到实践中。

任务 4.1　认 识 SQL

微课:认识 SQL

4.1.1　背景知识

　　SQL(发音为字母 S-Q-L 或 sequel)全称为 structured query language,即结构化查询语言,是一种专门用于与数据库交互的语言,广泛应用于数据库查询、数据操纵、数据定义和数据控制等操作。

　　自从 1946 年世界上第一台计算机诞生以来,计算机科技与互联网的发展已经催生了无数的技术和产业。其中，无论是前端工程师、后端工程师，还是数据分析师，都会频繁地与数据打交道，都需要快速、准确地提取自己需要的数据。SQL 技术不仅没消失，反而随着数据代发展变得越来越重要，SQL 的地位更加稳固。从 TIOBE 编程语言排行榜（图 4.1）可以看出，SQL 近两年一直保持在前十名，这足以证明其广泛的应用和重要性。

Mar 2024	Mar 2023	Change	Programming Language	Ratings	Change
1	1		Python	15.63%	+0.80%
2	2		C	11.17%	-3.56%
3	4	^	C++	10.70%	-2.59%
4	3	v	Java	8.95%	-4.61%
5	5		C#	7.54%	+0.37%
6	7	^	JavaScript	3.38%	+1.21%
7	8	^	SQL	1.92%	-0.04%
8	10	^	Go	1.56%	+0.32%
9	14	^	Scratch	1.46%	+0.45%
10	6	ⅴ	Visual Basic	1.42%	-3.33%

图 4.1　TIOBE 编程语言排行榜（2024 年 3 月数据）

SQL 的历史可以追溯到 1974 年，当时 IBM 公司的研究员发表了一篇名为《SEQUEL：一种结构化的英语查询语言》的论文，开启了数据库技术的新篇章。自那时起，SQL 并没有经历大的变化，相比于其他语言，SQL 的半衰期可以说是非常长了。

SQL 作为一种基于关系模型的数据库应用语言，是由 IBM 公司的 Boyce 和 Chamberlin 提出的，最初在 IBM 的关系型数据库系统 System R 上实现。

1980 年 10 月，美国国家标准局（American National Standards Institute，ANSI）的数据库委员会 X3H2 批准将 SQL 作为关系型数据库语言的美国标准，并公布了标准 SQL。不久后，国际标准化组织（International Organization for Standardization，ISO）也做出了相同的决定。SQL 标准先后有 SQL-86、SQL-89、SQL-92、SQL-99 等版本。其中，SQL-92 和 SQL-99 是 SQL 的两个重要标准，它们分别代表了 1992 年和 1999 年颁布的 SQL 标准，当今使用的 SQL 语言依然遵循这些标准。

值得注意的是，虽然 SQL 不是一种专利语言，且被不同的数据库生产厂商广泛支持，但是每个厂商都可能有自己的扩展和特性，因此任意两个数据库管理系统实现的 SQL 可能不完全相同。

4.1.2　SQL 的分类

SQL 可以根据功能被划分为以下三大类：数据定义语言（data definition language，DDL）、数据操纵语言（data manipulation language，DML）和数据控制语言（data control language，DCL）。

（1）数据定义语言：用于定义数据库对象（如数据库、表、视图、索引等）的语句，主要用于创建、删除、修改数据库和数据表的结构。主要的语句关键字包括 CREATE、DROP、ALTER 等。

（2）数据操纵语言：用于添加、删除、更新和查询数据库记录，以及检查数据完整性的语句。主要的语句关键字包括 INSERT、DELETE、UPDATE、SELECT 等。其中，SELECT 语句是 SQL 的基础，也是最为重要的部分。

（3）数据控制语言：用于定义数据库、表、字段、用户的访问权限和安全级别的语句。主要的语句关键字包括 GRANT、REVOKE 等。

由于查询语句的使用频率极高，有时人们会将其单独划分为一类，称为数据查询语言（data query language，DQL）。此外，有些人还会将 COMMIT 和 ROLLBACK 等语句单独提出来，称为事务控制语言（transaction control language，TCL）。TCL 主要用于控制和管理事务，确保数据库的一致性和完整性。

任务 4.2 　认识 SQL 的规则与规范

微课：认识 SQL
的规则与规范

在编写和阅读 SQL 语句时，了解和遵守一些基本规则和规范是非常重要的。这不仅可以提高代码的可读性和可维护性，而且可以避免许多常见的错误。

4.2.1　SQL 的基本规则

（1）SQL 语句可以写在一行或者多行内。为了提高可读性，建议将各子句分行写，并在必要时使用缩进。每条命令应以分号（;）或 \g 或 \G 结束。

（2）关键字不能被缩写，也不能分行写。

（3）关于标点符号：①必须保证所有的括号（()）、单引号（'）、双引号（""）是成对出现的；②必须使用英文输入法状态下的半角输入方式；③字符串类型和日期时间类型的数据可以使用单引号表示；④列的别名，建议使用双引号，并且不建议省略关键字 AS。

4.2.2　SQL 大小写规范

（1）MySQL 在 Windows 环境下大小写不敏感的。

（2）MySQL 在 Linux 环境下是大小写敏感的：①数据库名、表名、表的别名、变量名是严格区分大小写的；②关键字、函数名、列名（或字段名）、列的别名（字段的别名）是忽略大小写的。

（3）本书推荐采用统一的书写规范：①数据库名、表名、表别名、字段名、字段别名等统一使用小写；② SQL 关键字、函数名、绑定变量等统一使用大写。

在 MySQL 中，SQL 语句是不区分大小写的，但是，为了使代码更易于阅读和维护，许多开发人员习惯于将关键字大写、字段名和表名小写。因此，读者也应该养成良好的编程习惯，统一代码的大小写规范。

4.2.3　注释

在 SQL 中，可以使用以下格式进行注释。

（1）单行注释：使用井号（#）开头。例如，# 这是注释文字（这是 MySQL 特有的方式）。

（2）单行注释：使用两个短画线（--）。例如，-- 这是注释文字（注意，-- 后面必须包含一个空格）。

（3）多行注释：使用 /* 和 */ 包裹。例如，/* 这是多行注释文字 */。

4.2.4 命名规则

（1）数据库、表名的长度不得超过 64 个字符，变量名的长度也不得超过 64 个字符。这是 MySQL 的标准限制。

（2）名称只能包含以下字符：A～Z，a～z，0～9，_（下画线），以及 $（美元符号）。

（3）数据库名、表名、字段名等对象名中间不应包含空格。

（4）在同一个 MySQL 实例中，数据库名不能重复；在同一个数据库中，表名不能重复；在同一个表中，字段名不能重复。

（5）应避免字段名与 MySQL 的保留字、系统函数名或常用方法名冲突。如果必须使用，应在 SQL 语句中使用反引号（`）将其引起来。

（6）应保持字段名和类型的一致性。在命名字段并为其指定数据类型时，应确保其在数据库的所有表中都保持一致。例如，如果一个表中某字段的数据类型是整数，那么在其他表中，同名字段的数据类型也应为整数。

任务 4.3 创建与管理数据库

微课：数据库
的创建

存储数据是数据处理的起点。只有将数据正确地存储，才能进行有效的处理和分析。在 MySQL 中，一个完整的数据存储过程包括以下四个步骤：创建数据库、定义字段、创建数据表及插入数据。这是因为在系统架构层次上，MySQL 数据库系统的结构从大到小依次是数据库服务器、数据库、数据表、数据表的行与列。数据库服务器是整个系统的核心，它管理着所有的数据库。每个数据库（如一个电子商务网站数据库）都包含多个数据表（如客户信息表、商品信息表、订单表等）。每个数据表由多个行（记录）和列（字段）组成，用于存储具体的数据。

安装 MySQL 数据库服务器后，需要创建一个数据库，以便在其中创建数据表和存储数据。创建数据库是为了组织和管理相关的数据表，使得数据的管理和操作更加方便和高效。因此，从创建数据库开始，然后定义字段、创建数据表，最后插入数据，这样一步步地完成整个数据存储过程。

4.3.1 创建数据库

创建数据库的语法结构如下：

```
CREATE {DATABASE | SCHEMA} [IF NOT EXISTS] 数据库名
```

```
[ [DEFAULT] CHARACTER SET 字符集名
| [DEFAULT] COLLATE 排序规则名 ];
```

格式说明如下。

- SQL 语句大小写不敏感，例如，CREATE 和 create 在 SQL 中是等效的。
- "[ ]"表示可选项，这意味着在这个区间内的元素可以被省略。
- "{ | }"表示二选一，即在大括号内的元素之间必须选择一个。
- 斜体字是需要读者替换的变量，这些变量代表实际的值或名称。
- SQL 语句通常以分号"；"结尾，如果后面没有其他语句，也可以省略"；"。
- SQL 语句中所有的标点符号都是英文标点。

语法说明如下。

- IF NOT EXISTS：如果已经存在同名的数据库，就不执行创建新数据库的操作行。
- DEFAULT：表示设定默认值。
- CHARACTER SET：用于指定默认的数据库字符集，如 utf8、gb2312 等。字符集决定了数据库如何读取和存储字符数据。
- COLLATE：用于指定默认的数据库排序规则。每一种 CHARACTER SET 都有多个对应的 COLLATE，并且有一个默认值，如 utf8_general_ci、gb2312_chinese_ci 等。排序规则决定了如何比较字符数据。

【例 4.1】创建一个名为 test_market 的数据库，使用 MySQL 默认的字符集和排序规则。在 SQL 编辑器中执行如下语句：

```
CREATE DATABASE test_market;
```

操作有以下两点说明。

1. 使用命令行创建数据库

要在命令行环境下使用 SQL 语句创建 MySQL 数据库，请按照以下步骤操作。

（1）打开命令提示符。在 Windows 系统中，通过搜索 cmd 或 Command Prompt 打开命令提示符。

（2）登录 MySQL 服务器。在命令提示符中输入以下命令以 root 用户身份登录 MySQL 服务器：

```
mysql -u root -p;
```

（3）按 Enter 键后，当系统提示输入密码时，输入 root 用户的密码。

（4）创建新的数据库。登录成功后，在命令行界面输入以下 SQL 语句来创建一个名为 test_market 的新数据库：

```
CREATE DATABASE test_market;
```

```
mysql> CREATE DATABASE test_market;
Query OK, 1 row affected (0.03 sec)
```

图 4.2　在命令行中创建数据库 test_market

如果屏幕上显示消息"Query OK, 1 row affected"，如图 4.2 所示，则表示 test_market 数据库已经被成功创建。

2. 使用 Navicat 客户端创建数据库

Navicat 是一个图形化的数据库管理工具，可以简化许多常见的数据库操作。在 Navicat 客户端中，打开查询编辑器。直接在编辑器中输入相同的 SQL 语句，并执行该语句来创建新的 test_market 数据库，如图 4.3 所示。

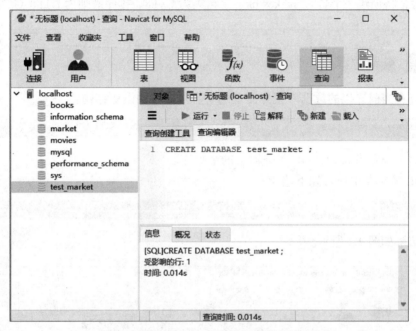

图 4.3 在 Navicat 中创建数据库 test_market

⚠️ **注意：**

① 在命令行中执行 SQL 语句时，必须在语句末尾添加分号。

② 在 Navicat 中通过 SQL 语句对数据库或表结构进行更改后，可能需要手动刷新界面，以显示最新的更改。

③ 执行 SQL 语句后，应随时查看底部的信息窗口。该窗口将显示执行结果或错误信息。

【例 4.2】创建一个名为 market_bk 的数据库，指定字符集为 UTF8，排序规则为 UTF8_GENERAL_CI。

在 SQL 编辑器中执行如下语句：

```
CREATE DATABASE market_bk
CHARACTER SET UTF8
COLLATE UTF8_GENERAL_CI;
```

语法说明如下。

- 在此 SQL 语句中，使用了 CHARACTER SET 和 COLLATE 选项来指定数据库的字符集和排序规则。
- CHARACTER SET UTF8 表示希望数据库使用 UTF8 字符集。这是一种通用的字符集，可以支持各种语言，包括英语、中文等。

- COLLATE UTF8_GENERAL_CI 表示希望数据库使用 UTF8_GENERAL_CI 排序规则。这是一种不区分大小写的排序规则，适用于各种语言。

操作说明如下。

和例 4.1 类似，读者可以在命令行或 Navicat 客户端的查询编辑器中执行此 SQL 语句。执行成功后，将创建一个名为 market_bk、字符集为 UTF8、排序规则为 UTF8_GENERAL_CI 的数据库。

4.3.2 查看数据库

微课：数据库的管理

（1）查看当前连接的数据库服务器上的所有数据库的语法结构：

```
SHOW DATABASES;
```

【例 4.3】查看当前 MySQL 服务器上的数据库。

在 SQL 编辑器中执行如下语句：

```
SHOW DATABASES;
```

执行结果如图 4.4 所示。

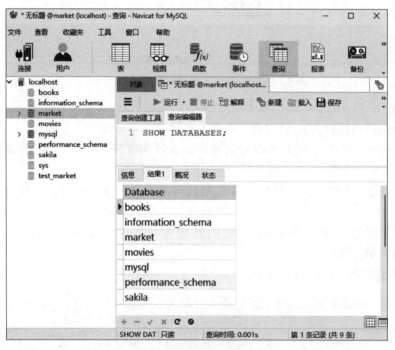

图 4.4　例 4.3 的执行结果

实际上，在 Navicat 中，左侧的数据库树能清楚地显示当前连接的数据库服务器上的所有数据库。

（2）查看创建数据库的 SQL 语句的语法结构：

```
SHOW CREATE DATABASE 数据库名;
```

【例 4.4】查看创建 market 数据库的 SQL 语句。

在 SQL 编辑器中执行如下语句：

```
SHOW CREATE DATABASE market;
```

执行结果如图 4.5 所示。

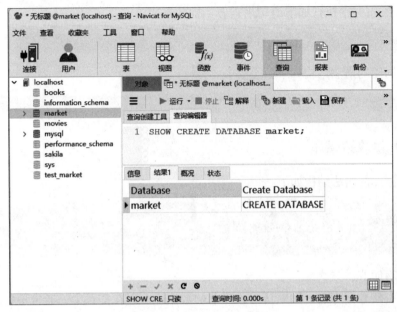

图 4.5 例 4.4 的执行结果

在 Navicat 中，右击某个数据库，在弹出的快捷菜单中选择"数据库属性"选项，可以查看和修改该数据库的字符集和排序规则，如图 4.6 所示。

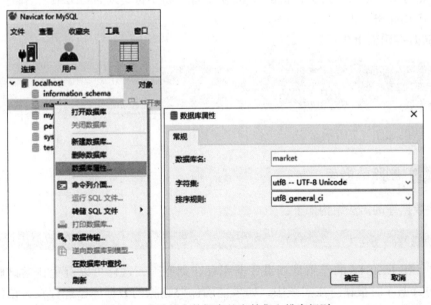

图 4.6 查看某个数据库的字符集和排序规则

4.3.3 打开 / 切换数据库

数据库创建后，如果要使用某个数据库，需要在 SQL 语句中将当前数据库的上下文（context）指定为要使用的数据库。特别地，当使用 Navicat 执行某些 SQL 语句出错后，会丢失数据库的上下文（报错："No database selected"），这时也需要再次打开数据库。

在 SQL 编辑器中执行如下语句来查看当前数据库：

```
SELECT DATABASE(); #DATABASE() 是 MySQL 的一个全局函数
```

打开数据库的语法结构如下：

```
USE 数据库名;
```

4.3.4 修改数据库

修改数据库的语法结构如下：

```
ALTER {DATABASE | SCHEMA} 数据库名
  [ [DEFAULT] CHARACTER SET 字符集名
  | [DEFAULT] COLLATE 排序规则名 ];
```

语法说明如下。
- 如果省略数据库名，则默认修改当前的数据库。但在实践中，通常不省略数据库名以保持清晰。
- 其他语法说明参照创建数据库部分。
- 注意不能修改数据库名。

【例 4.5】修改例 4.2 创建的 market_bk 数据库，将字符集改为 GB2312，排序规则改为 GB2312_CHINESE_CI。

在 SQL 编辑器中执行如下语句：

```
ALTER DATABASE market_bk
CHARACTER SET GB2312
COLLATE GB2312_CHINESE_CI;
```

执行结果如图 4.7 所示。

4.3.5 删除数据库

删除数据库的语法结构如下：

```
DROP DATABASE [IF EXISTS] 数据库名;
```

其中，IF EXISTS 的作用是如果数据库存在则删除，这样可以避免在尝试删除一个不存在的数据库时报错。在实践中，如果能确保要删除的数据库已经存在，语法可以简化成：

图 4.7 例 4.5 的执行结果

```
DROP DATABASE 数据库名;
```

【例 4.6】删除 market_bk 数据库。

在 SQL 编辑器中执行如下语句：

```
DROP DATABASE market_bk;
```

执行结果如图 4.8 所示。

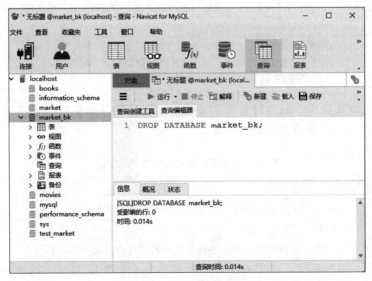

图 4.8 例 4.6 的执行结果

⚠️ **注意：** 删除数据库会把数据库、数据库中的表及表中的数据等数据库信息全部删除，因此必须谨慎操作。

任务 4.4 创建与管理表

微课：表结构
分析与数据类型

4.4.1 数据类型

在创建数据库之后，需要在数据库中创建表格。每个表格由行（也称为记录）和列（也称为字段或属性）组成，且都有一个独特的表名。为了确保数据的准确性和一致性，每个字段在创建时都必须指定一个明确的数据类型。数据类型定义了字段可能包含的数据种类，从而决定了存储在该字段中的数据形式和范围。例如，数字类型的字段可以用来存储年龄或价格，而字符类型的字段则可用于存储文本信息，如姓名或地址。MySQL 支持多种数据类型，如表 4.1 所示。

表 4.1　MySQL 支持的数据类型

数 据 类 型	具 体 类 型
整数类型	TINYINT、SMALLINT、MEDIUMINT、INT（或 INTEGER）、BIGINT
浮点类型	FLOAT、DOUBLE
定点数类型	DECIMAL
位类型	BIT
日期时间类型	YEAR、TIME、DATE、DATETIME、TIMESTAMP
文本字符串类型	CHAR、VARCHAR、TINYTEXT、TEXT、MEDIUMTEXT、LONGTEXT
枚举类型	ENUM
集合类型	SET
二进制字符串类型	BINARY、VARBINARY、TINYBLOB、BLOB、MEDIUMBLOB、LONGBLOB
JSON 类型	JSON 对象、JSON 数组
空间数据类型	单值：GEOMETRY、POINT、LINESTRING、POLYGON； 集合：MULTIPOINT、MULTILINESTRING、MULTIPOLYGON、 GEOMETRYCOLLECTION

在 MySQL 数据库中，有几种常见的数据类型，这些数据类型因其特性和用途而被广泛使用。这些类型的详细介绍如表 4.2 所示。

表 4.2　MySQL 常用的数据类型描述

数 据 类 型	描　　　述
INT	从 -2^{31} 到 $2^{31}-1$ 的整型数据。存储大小为 4 字节
CHAR（size）	定长字符数据。若未指定，默认为 1 个字符，最大长度为 255
VARCHAR（size）	可变长字符数据，根据字符串实际长度保存，必须指定长度
FLOAT（M，D）	单精度，占用 4 字节，$M=$ 整数位 + 小数位，$D=$ 小数位，$D \leqslant M \leqslant 255$，$0 \leqslant D \leqslant 30$，默认 $M+D \leqslant 6$

续表

数 据 类 型	描　述
DOUBLE（M, D）	双精度，占用 8 字节，$D \leqslant M \leqslant 255$，$0 \leqslant D \leqslant 30$，且 D 不大于 M
DECIMAL（M, D）	高精度小数，占用（$M+2$）字节，$D \leqslant M \leqslant 65$，$0 \leqslant D \leqslant 30$，最大取值范围与 DOUBLE 相同
DATE	日期类型数据，格式 'YYYY-MM-DD'
BLOB	二进制形式的长文本数据，最大可达 4GB
TEXT	长文本数据，最大可达 4GB

⚠ **注意**：选择正确的数据类型非常重要，因为它可以影响数据的存储、检索速度及数据的准确性。例如，如果一个字段预计会存储数值，那么应该选择数值类型（如 INT、DECIMAL 等）；如果字段预计会存储文本，那么应该选择字符类型（如 CHAR、VARCHAR 等）。

4.4.2 创建表

创建表的语法结构如下：

微课：数据表的创建

```
CREATE TABLE [IF NOT EXISTS] 表名 (
    列名 数据类型 [NOT NULL | NULL] [DEFAULT 列默认值] [AUTO_INCREMENT]
[列约束],...
    [, 表约束]
    [, 索引]
);
```

语法说明如下。

- IF NOT EXISTS：如果已经存在同名的数据表，就不执行；
- NOT NULL | NULL：该列不可空或可空，默认是 NULL；
- DEFAULT 列默认值：指定该列的默认值；
- AUTO_INCREMENT：该列是自增长的字段，必须是整型，必须是主键；
- "约束"和"索引"：在后面的项目会详细介绍；
- "，…"：表示可以有多列，用"，"隔开，最后一句语句不能加"，"。

⚠ **注意**：

① 表是在数据库中的，必须在指定数据库上下文后才能创建表。

② 完整的 CREATE TABLE 的语法非常复杂（可以参考 MySQL 的官方文档），这里只给出了最基本最常用的部分。

【例 4.7】在 test_market 数据库中，创建 product 表，表结构如表 4.3 所示。

表 4.3　product 表结构

字　段	含　义	数据类型	长度	是否可空	约束
productid	商品 ID	CHAR	10	NOT NULL	主键
sortid	商品类别 ID	CHAR	10	NOT NULL	

续表

字 段	含 义	数据类型	长度	是否可空	约束
productname	商品名称	VARCHAR	30	NOT NULL	
price	商品价格	FLOAT	10, 2	NOT NULL	
quantity	商品数量	INT	10	NOT NULL	默认值为 100
image	商品图片	VARCHAR	50	NULL	
description	商品描述	VARCHAR	2000	NULL	
time	添加时间	DATETIME		NOT NULL	

在 SQL 编辑器中执行如下语句：

```
USE test_market;
CREATE TABLE product (
  productid CHAR(10) NOT NULL PRIMARY KEY,
  sortid CHAR(10) NOT NULL,
  productname VARCHAR(30) NOT NULL,
  price FLOAT(10,2) NOT NULL,
  quantity INT NOT NULL DEFAULT 100,
  image VARCHAR(50),
  description VARCHAR(2000),
  time DATETIME NOT NULL
);
```

执行上述语句后，product 表被成功创建，如图 4.9 所示。

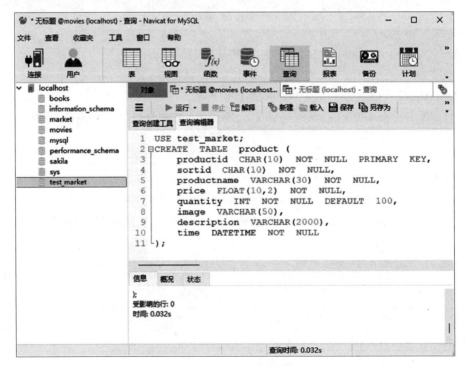

图 4.9　例 4.7 的执行结果

其中，PRIMARY KEY 表示这个列是主键，因为主键本身不可为空，所以 productid 字段的 NOT NULL 可以省略，并将 quantity 字段设置一个默认值 100（DEFAULT 100）。

在设计数据库时，确定主键和是否允许为空是非常重要的。主键用于唯一标识每一行数据，而允许为空的列则表示该列的值可以为空。在这种情况下，由于主键不可为空，因此不需要显式指定 NOT NULL。

另外，为了确保数据的完整性和一致性，在定义表结构时，可以为某些列设置默认值。在这里，将 quantity 字段设置一个默认值 100。这意味着如果在插入数据时未指定 quantity 的值，数据库会自动将其设置为默认值 100。

PRIMARY KEY 除了写在每列的"[列约束]"处，还可以写在最后的"[表约束]"处，下面的 SQL 语句与本例最开始的 SQL 语句是等价的：

```
CREATE TABLE product (
    productid CHAR(10) NOT NULL,
    sortid CHAR(10) NOT NULL,
    productname VARCHAR(30) NOT NULL,
    price FLOAT(10,2) NOT NULL,
    quantity INT(10) NOT NULL DEFAULT 100,
    image VARCHAR(50),
    description VARCHAR(2000),
    time DATETIME NOT NULL,
    PRIMARY KEY (productId)
);
```

对于联合主键，只能写在"[表约束]"处。

【例 4.8】在 test_market 数据库中，创建商品库存 inventory 表，表结构如表 4.4 所示，其中商品 ID 和商店 ID 是联合主键。

表 4.4　商品库存 inventory 表结构

字段	含义	数据类型	长度	约束
productid	商品 ID	VARCHAR	30	联合主键
storeid	商店 ID	VARCHAR	30	
inventory	库存数量	INT		

在 SQL 编辑器中执行如下语句：

```
CREATE TABLE inventory (
    productid VARCHAR(30) NOT NULL,
    storeid VARCHAR(30) NOT NULL,
    inventory INT NOT NULL,
    PRIMARY KEY(productid, storeid)
);
```

4.4.3　复制表

还有一种创建表的方式是复制表。

微课：数据表的管理

复制表的语法结构如下：

```
CREATE TABLE [IF NOT EXISTS] 新表名
  LIKE 被参照表
  | AS SELECT 语句；
```

语法说明如下。

- LIKE 被参照表：新表会复制被参照表的表结构，包括空指定、主键（不会复制外键）、自增长、默认值和索引等，但是表的内容不会被复制，因此创建的新表是一个空表。
- AS SELECT 语句：新表会复制被参照表的数据和空指定、默认值，但不会复制主键、外键和索引。

【例 4.9】在 test_market 数据库中，先向表 product 中执行一条插入数据命令（INSERT INTO product VALUES（'1001', '02',, ' 苹果 ', 5, 100, null, null, '2023-09-18 01:23:21'）），再创建 product 的一个名为 product_copy1 的副本。

在 SQL 编辑器中执行如下语句：

```
USE test_market;
CREATE TABLE product_copy1
LIKE product;
```

完成执行后，右击 product_copy1 表，在弹出的快捷菜单中选择"设计表"选项，结果如图 4.10 所示。

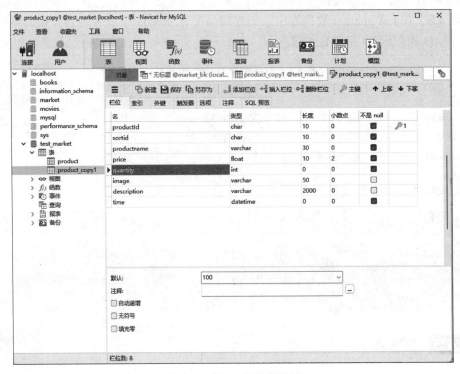

图 4.10　例 4.9 的执行结果

【例 4.10】在 test_market 数据库中，创建 product 的一个名为 product_copy2 的副本，并复制其数据。

在 SQL 编辑器中执行如下语句：

```
USE test_market;
CREATE TABLE product_copy2
AS
(SELECT * FROM product);
```

完成执行后，双击 product_copy2 表，结果如图 4.11 所示。

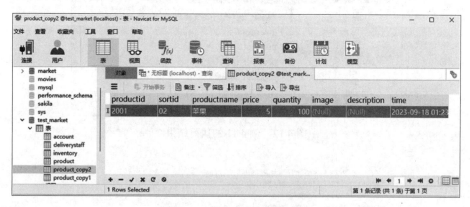

图 4.11　例 4.10 的执行结果

4.4.4　查看表

1. 查看数据库中的所有表

查看数据库中所有表的语法结构如下：

```
SHOW TABLES;
```

【例 4.11】查看 test_market 数据库中所有的表。

在 SQL 编辑器中执行如下语句：

```
SHOW TABLES;
```

执行结果如图 4.12 所示。

2. 查看创建表的 SQL 语句

查看创建表的 SQL 语句的语法结构如下：

```
SHOW CREATE TABLE 表名;
```

【例 4.12】查看 test_market 数据库中创建 product 表的 SQL 语句。

在 SQL 编辑器中执行如下语句：

```
SHOW CREATE TABLE product \G;
```

执行结果如图 4.13 所示。

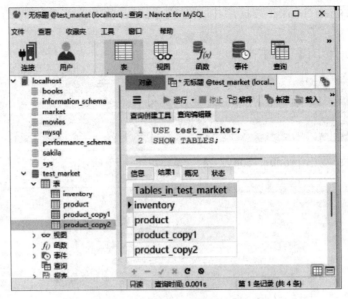

图 4.12　例 4.11 的执行结果

```
mysql> SHOW CREATE TABLE product \G;
*********************** 1. row ***********************
       Table: product
Create Table: CREATE TABLE `product` (
  `productId` char(10) NOT NULL,
  `sortId` char(10) NOT NULL,
  `productName` varchar(30) NOT NULL,
  `price` float(10,2) NOT NULL,
  `quantity` int NOT NULL DEFAULT '100',
  `image` varchar(50) DEFAULT NULL,
  `description` varchar(2000) DEFAULT NULL,
  `time` datetime NOT NULL,
  PRIMARY KEY (`productId`)
) ENGINE=InnoDB DEFAULT CHARSET=gb2312
1 row in set (0.00 sec)
```

图 4.13　例 4.12 的执行结果

3. 查看表结构

查看表结构的语法结构如下：

```
DESCRIBE | DESC 表名 [ 列名 ];
```

语法说明如下。

- DESCRIBE 是 SHOW COLUMNS FROM 的快捷方式。
- DESC 是 DESCRIBE 的简写。
- 如果没有"列名"，则显示该表所有列的结构。

【例 4.13】查看 product 表的所有列的信息。

在 SQL 编辑器中执行如下语句：

```
DESC product;
```

执行结果如图 4.14 所示。

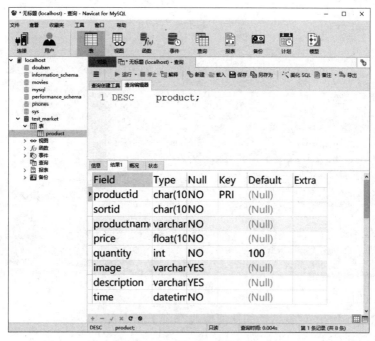

图 4.14　例 4.13 的执行结果

【例 4.14】查看 product 表的 productid 列的信息。

在 SQL 编辑器中执行如下语句：

```
DESC product productid;
```

执行结果如图 4.15 所示。

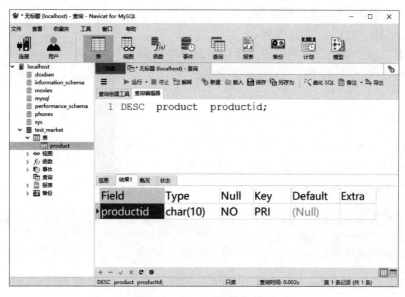

图 4.15　例 4.14 的执行结果

4.4.5 修改表

修改表的语法结构：

```
ALTER TABLE 表名
    ADD [COLUMN] 列定义 [FIRST | AFTER 列名]          -- 添加列
    | ALTER COLUMN 列名 {SET DEFAULT 默认值 | DROP DEFAULT}
                                                    -- 添加、修改、删除默认值
    | MODIFY COLUMN 列定义 [FIRST | AFTER 列名]        -- 修改列
    | CHANGE [COLUMN] 旧列名 新列定义 [FIRST | AFTER 列名]   -- 修改列、列名
    | DROP [COLUMN] 列名                              -- 删除列
    | RENAME [TO] 新表名                              -- 修改表名
    | ADD [约束]                                     -- 添加约束
    | DROP [约束]                                    -- 删除约束
    | ADD [索引]                                     -- 添加索引
    | DROP [索引]                                    -- 删除索引
;
```

语法说明如下。

- ALTER TABLE：对表结构的任何修改都属于修改表。
- ADD［COLUMN］：添加列。
- 列定义：参照创建表。
- FIRST | AFTER列名：这一列定义在表的第一列或某一列后面，默认是在最后一列。
- ALTER［COLUMN］列名 {SET DEFAULT 默认值 | DROP DEFAULT}：添加、修改、删除默认值。
- MODIFY［COLUMN］：修改列，给列重新定义，不可以修改列名。
- CHANGE［COLUMN］：修改列，给列重新定义，可以修改列名。
- DROP［COLUMN］：删除列。
- RENAME［TO］：重命名表名。
- "约束"和"索引"：在后面的项目中会详细介绍。

📝 说明：完整的 ALTER TABLE 语法非常复杂（可以参考 MySQL 的官方文档），这里只给出了最基本、最常用的部分。

1. 添加列

【例 4.15】在 test_market 数据库中，修改例 4.7 创建的 product 表，在 price 列后面添加一列 discount，数据类型是 float（4,2），可为空。

在 SQL 编辑器中执行如下语句：

```
USE test_market;
ALTER TABLE product
ADD discount FLOAT(4,2) AFTER price;
```

执行完成后，右击 product 表，在弹出的快捷菜单中选择"设计表"选项，结果如图 4.16 所示。

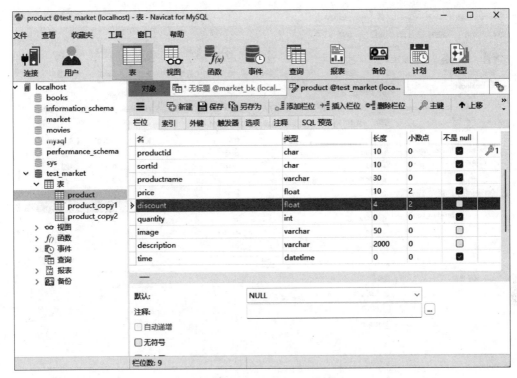

图 4.16 例 4.15 的执行结果

2. 修改列

1) 添加默认值

【例 4.16】在例 4.15 的基础上，给 product 表的 discount 字段添加默认值 0.85。

在 SQL 编辑器中执行如下语句：

```
ALTER TABLE product
    ALTER COLUMN discount SET DEFAULT 0.85;
```

执行完成后，右击 product 表，在弹出的快捷菜单中选择"设计表"选项，结果如图 4.17 所示。

2) 修改默认值

【例 4.17】在例 4.16 的基础上，把 product 表的 discount 列的默认值改为 0.9。

在 SQL 编辑器中执行如下语句：

```
ALTER TABLE product
    ALTER COLUMN discount SET DEFAULT 0.9;
```

执行完成后，右击 product 表，在弹出的快捷菜单中选择"设计表"选项，结果如图 4.18 所示。

3) 删除默认值

【例 4.18】在例 4.17 的基础上，删除 product 表的 discount 列的默认值。

在 SQL 编辑器中执行如下语句：

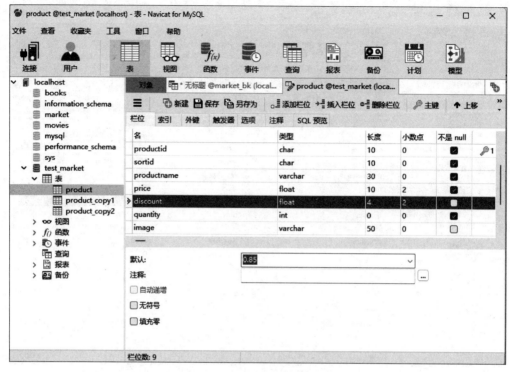

图 4.17　例 4.16 的执行结果

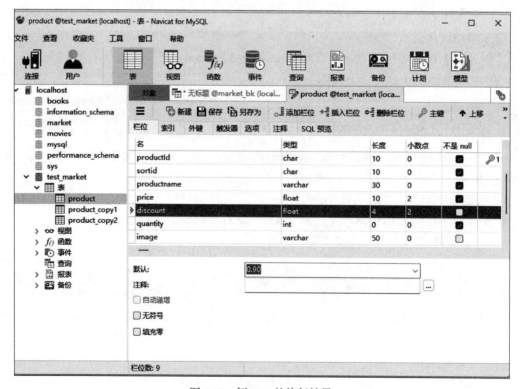

图 4.18　例 4.17 的执行结果

```
ALTER TABLE product
   ALTER COLUMN discount DROP DEFAULT;
```

完成执行后,右击 product 表,在弹出的快捷菜单中选择"设计表"选项,结果如图 4.19 所示。

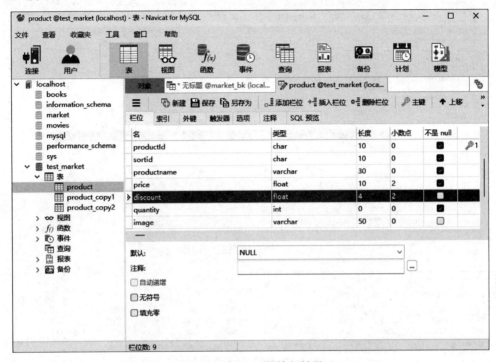

图 4.19 例 4.18 的执行结果

⚠️ **注意**:如果该列是可为空的,删除默认值后,默认值就为 NULL;如果该列是非空的,删除默认值后,就没有默认值了。

4)修改列定义

【例 4.19】在例 4.18 的基础上,把 product 表的 discount 列的数据类型修改为 FLOAT(4,1),改成不可空,并放到最后一列。

在 SQL 编辑器中执行如下语句:

```
ALTER TABLE product
   MODIFY COLUMN discount FLOAT(4,1) NOT NULL AFTER time;
```

执行结果如图 4.20 所示。

5)修改列名

【例 4.20】在例 4.19 的基础上,修改 product 表的 discount 列的列名为"折扣"。

在 SQL 编辑器中执行如下语句:

```
ALTER TABLE product
   CHANGE COLUMN discount price_cut FLOAT(4,1) NOT NULL;
```

执行结果如图 4.21 所示。

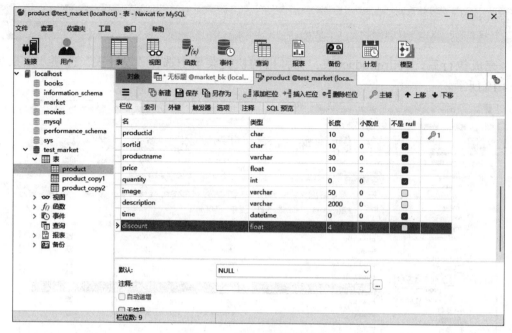

图 4.20　例 4.19 的执行结果

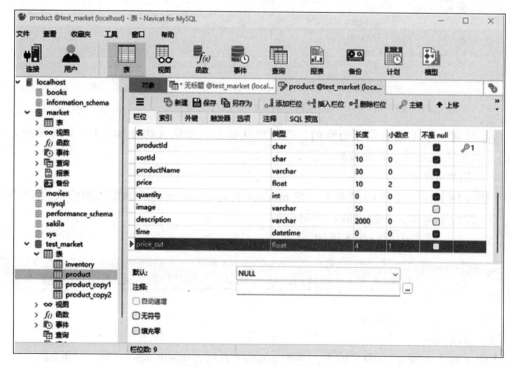

图 4.21　例 4.20 的执行结果

3. 删除列

【例 4.21】在例 4.20 的基础上，删除 product 表的"price_cut"列。

在 SQL 编辑器中执行如下语句：

```
ALTER TABLE product
   DROP COLUMN price_cut;
```

4. 重命名表

1）RENAME［TO］

【例 4.22】把例 4.7 创建的 product 表重命名为 product_new。

在 SQL 编辑器中执行如下语句：

```
ALTER TABLE product
   RENAME product_new;
```

2）RENAME TABLE

还可以使用 RENAME TABLE 命令重命名表，语法结构如下：

```
RENAME TABLE 旧表名1 TO 新表名1
   [,旧表名2 TO 新表名2]...;
```

【例 4.23】把例 4.22 的 product_new 表重命名为 product。

在 SQL 编辑器中执行如下语句：

```
RENAME TABLE product_new TO product;
```

4.4.6　删除表

删除表的语法结构如下：

```
DROP TABLE [IF EXISTS] 表名;
```

语法说明如下：

IF EXISTS 表示如果数据表存在，则执行。在实践中，如果能确保要删除的表已经存在，语法可以简化成：

```
DROP TABLE 表名;
```

【例 4.24】删除 product 表。

在 SQL 编辑器中执行如下语句：

```
DROP TABLE product_copy2;
```

◆ 项目任务单 ◆

　　在本项目中，我们深入探讨了数据库和表的创建与管理的核心概念和实践，包括学习 SQL 的规则与规范，以及如何通过 SQL 语句创建、修改和删除数据库和表。这些都是数据库管理的重要技能。为了检验读者的理解和掌握程度，请完成以下任务。

1. 列举并简述在数据库和表的创建与管理过程中的几个关键步骤，并解释每个步骤的重要性。

2. 请简述如何在不影响现有数据的情况下，对数据库中的表进行修改。

3. 试举例说明在数据库和表的管理过程中，SQL 的规则与规范的重要性。

◆ 拓 展 任 务 ◆

根据提供的微课视频，自主学习并掌握"编程规则与规范"的内容。请使用 SQL 语句实现在项目 3 拓展任务中设计的数据库和表，并尽可能遵循最佳的编程规则与规范。在创建过程中，注意管理和维护数据库和表，保持数据的安全性和完整性。同时，思考如何优化数据库和表以提高其性能。这个实践任务将帮助读者更好地理解和应用数据库和表的创建与管理的理论和方法。

項目 5

创建和管理约束

项目目标

- 理解并掌握数据库约束的概念和目的；
- 学会创建和管理数据库的不同类型的约束，包括唯一约束、检查约束和外键约束；
- 学会使用 SQL 语句实现约束的添加、修改和删除；
- 理解约束在数据完整性和一致性保证中的作用。

项目描述

  数据库约束能够确保数据的完整性和一致性，限制在数据输入和修改过程中可能出现的错误，提供对数据准确性和有效性的保证。

  在本项目中，我们将首先了解为什么需要这些约束，学习每种约束的定义和作用，了解如何正确地创建、修改和删除约束，并通过实例深入了解约束的应用。通过完成本项目，读者能够有效地利用数据库约束来提升数据质量和安全性，提升数据库设计和管理能力。

任务 5.1　理 解 约 束

微课：理解约束

5.1.1　约束的作用

  数据完整性（data integrity）是指数据的精确性（accuracy）和可靠性（reliability），是为防止数据库中存在不符合语义规定的数据和出现因错误信息的输入输出造成无效操作或错误信息而提出的。数据完整性包括以下四个方面。

（1）实体完整性（entity integrity）：确保同一个表中不存在两条完全相同且无法区分的记录。例如，在商品表中，不能有两条记录的商品 ID 相同。

（2）域完整性（domain integrity）：确保数据在指定的范围内。例如，年龄范围 0～150，性别范围"男 / 女"。

（3）引用完整性（referential integrity）：确保引用的外键在对应的表中能找到。例如，员工所在部门必须在部门表中存在。

（4）用户自定义完整性（user-defined integrity）：允许用户定义特定的业务规则。例如，商品名称唯一，密码不能为空，本部门经理的工资不得高于本部门职工的平均工资的 5 倍。

5.1.2 约束的定义

约束是表级的强制规定，可以在创建表时规定约束（通过 CREATE TABLE 语句），或者在表创建之后通过 ALTER TABLE 语句规定约束。

5.1.3 约束的分类

根据约束的作用范围，约束可以分为以下两种。

（1）列级约束：只能作用在一个列上，跟在列的定义后面。

（2）表级约束：可以作用在多个列上，不与列一起，而是单独定义。

根据约束的作用，约束可以分为以下六种。

（1）NOT NULL：非空约束，规定某个字段不能为空。

（2）UNIQUE：唯一约束，规定某个字段在整个表中是唯一的。

（3）PRIMARY KEY：主键（非空且唯一）约束。

（4）FOREIGN KEY：外键约束。

（5）CHECK：检查约束。

（6）DEFAULT：默认值约束。

在项目 4 中已经对非空约束、主键约束、默认值约束有所了解，并且它们的创建和管理方式与其他约束相类似，所以在本项目中就不再介绍。

可以使用下列命令来查看某个表已有的约束：

```
#information_schema 数据库名（系统库）
#table_schema 数据库名（表示约束所属的数据库）
#table_constraints 表名称（存储数据库中所有表的约束信息）
SELECT * FROM information_schema.table_constraints
WHERE table_schema = '数据库名称' AND table_name = '表名称';
```

上面语句的运行结果如图 5.1 所示。

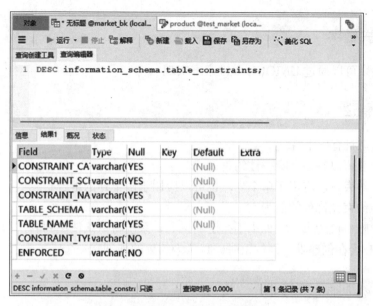

图 5.1 table_constraints 表的结构

⚠️ **注意：**

① 实际使用时，请将数据库名称和表名称替换为实际的数据库和表。

② 如果只是对某些特定类型的约束感兴趣，可以在 WHERE 子句中加入 constraint_type 条件，如 'PRIMARY KEY'，'FOREIGN KEY'，'UNIQUE'。

任务 5.2 创建和管理唯一性约束

微课：创建和
管理唯一性约束

5.2.1 作用

唯一性约束用于限制某个字段或列的值不能重复。例如，在 market 数据库中的商品类别表 productsort 中，sortname 字段可以被定义为唯一性约束，确保每个商品类别的名称都是唯一的，如图 5.2 所示。

查看 productsort 表结构如图 5.3 所示。

微课：主键约束

sortId	sortname
▶07	乳品烘焙
03	水产海鲜专区
02	水果专区
08	熟食卤味
13	礼品礼盒
06	粮油调味
04	肉禽专区
01	蔬菜专区
05	酒饮专区

栏位	索引	外键	触发器	选项	注释	SQL 预览		
名		栏位					索引类型	索引方法
▶sortname		sortname					Unique	BTREE

图 5.2 sortname 字段
为唯一性

图 5.3 productsort 表结构

⚠️ **注意：** 唯一性约束，允许出现多个空值（NULL），前提是该字段允许为可空。

5.2.2 关键字

唯一性约束可以通过 UNIQUE 关键字来实现。

5.2.3 特性

唯一性约束具有以下特性：
- 同一个表可以有多个唯一性约束；
- 唯一性约束可以应用于单个列，也可以应用于多个列的组合；
- 唯一性约束允许列的值为空；
- 在创建唯一性约束时，如果不指定约束名，系统将默认使用列名作为约束名；
- MySQL 会在创建唯一性约束时，默认为约束的列创建一个唯一索引。

5.2.4 添加唯一性约束

可以通过以下方式添加唯一性约束。

1. 在建表时指定唯一性约束

可以在定义表结构时包含 UNIQUE 约束。语法如下：

```
CREATE TABLE 表名称 (
    字段名 数据类型 ,
    字段名 数据类型 UNIQUE [KEY]  # 列级约束 ,
);
```

或者使用表级约束语法：

```
CREATE TABLE 表名称 (
    字段名 数据类型 ,
    [CONSTRAINT 约束名] UNIQUE KEY(字段名)   # 表级模式
);
```

【例 5.1】在 test_market 中，创建一个客户银行账号表 account（表结构见表 5.1）。

表 5.1　account 表结构

字　段	含　义	数据类型	长　度	是否可空	约　束
accountid	账户 ID	INT		NOT NULL	主键，自增长
customerid	客户 ID	CHAR	10	NOT NULL	
account_number	账号	VARCHAR	20	NOT NULL	唯一键
balance	余额	DECIMAL	10, 2	NULL	

在 SQL 编辑器中执行如下语句：

```
USE test_market;
CREATE TABLE account
```

```
( accountid INT PRIMARY KEY AUTO_INCREMENT,
  customerid CHAR (10) NOT NULL,
  account_numberVARCHAR(20) NOT NULL,
  balance DECIMAl(10,2),
  CONSTRAINT uk_account_number UNIQUE(account_number)
);
```

进行如下测试：

```
INSERT INTO account(customerid,account_number,balance)
VALUES('001','1234567890',10000.00);
INSERT INTO account(customerid,account_number,balance)
VALUES('002','0987654321',5000.00);
SELECT * FROM account;
```

执行结果如图 5.4 所示。

信息	结果1	概况	状态	
accountid	customerid	account_number	balance	
1	001	1234567890	10000	
2	002	0987654321	5000	

图 5.4　account 表中数据

继续插入测试唯一性约束作用：

```
INSERT INTO account(customerid,account_number,balance)
VALUES('003','0987654321',30000.00);
```

执行结果如图 5.5 所示。

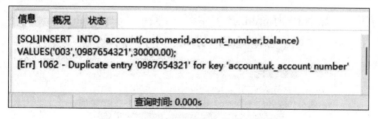

图 5.5　违反唯一性约束的报错结果

2. 在建表后通过 ALTER TABLE 语句添加唯一性约束

也可以使用 ALTER TABLE 语句在表创建后添加唯一性约束，语法如下：

```
ALTER TABLE 表名称
  ADD [CONSTRINT 约束名] UNIQUE [KEY] (字段列表);
```

或者

```
ALTER TABLE 表名称
  MODIFY 字段名 字段类型 UNIQUE;
```

【**例 5.2**】在 test_market 数据库的 product 表中，给 productname 字段添加唯一性约束。
在 SQL 编辑器中执行如下语句：

```
ALTER TABLE product
  ADD CONSTRAINT uk_productnameUNIQUE KEY(productname);
```

进行如下测试：

```
INSERT INTO product
VALUES('1001','01', '冬笋',29, 200, null, null, '2023-11-18 09:30:00');
```

执行上述代码后，在 product 表中新增一条商品 ID 为 1001 的商品记录，如图 5.6
所示。

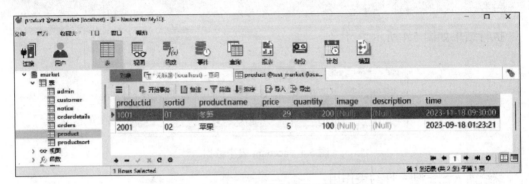

图 5.6　product 表中新增的商品记录

继续进行插入操作以测试唯一性约束的作用：

```
INSERT INTO product
VALUES('1002','01', '冬笋 ',36, 100, null, null, '2023-11-18 09:30:00');
```

这条语句执行失败，因为 product 表中已经存在一条 productname 为冬笋的记录，所
以违反了唯一性约束。错误信息如图 5.7 所示。

信息	概况	状态	
[SQL]INSERT INTO product VALUES('1002','01', '冬笋',36, 100, null, null, '2023-11-18 09:30:00'); [Err] 1062 - Duplicate entry '1002' for key 'product.PRIMARY'			
查询时间: 0.000s			

图 5.7　违反唯一性约束的报错结果

5.2.5　删除唯一性约束

在 MySQL 中，唯一性约束实际上是通过唯一索引实现的。一个唯一索引不仅加快了
对数据的查询速度，同时也阻止了重复值在索引列上的插入。因此，需要删除唯一性约束
时，实际上是在删除这个列上的唯一索引。后续项目中会详细讨论索引，现在只需要知

道，删除唯一性约束意味着删除与之相关的唯一索引。具体步骤如下。

1. 查询表中现有的约束

在准备删除唯一性约束之前，应该先确认约束的具体名称和类型。可以通过查询 information_schema 数据库中的 table_constraints 视图来完成。

【例 5.3】获取 test_market 数据库中 account 表的约束信息。

在 SQL 编辑器中执行如下语句：

```
SELECT *
FROM information_schema.table_constraints
WHERE table_schema = 'test_market' AND table_name = 'account';
```

这将返回 account 表中所有约束的名称和类型，查询结果如图 5.8 所示。

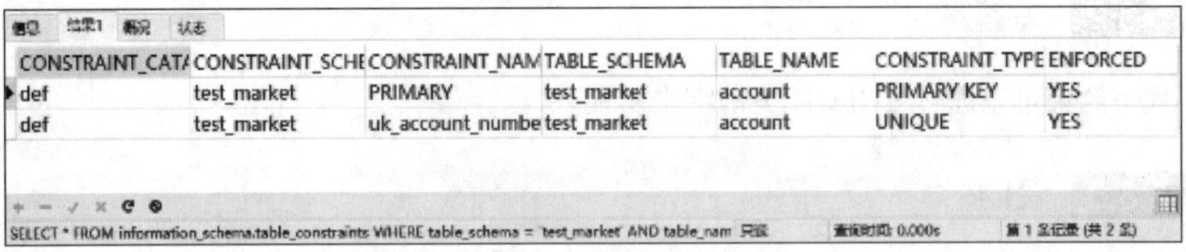

CONSTRAINT_CATA	CONSTRAINT_SCHE	CONSTRAINT_NAM	TABLE_SCHEMA	TABLE_NAME	CONSTRAINT_TYPE	ENFORCED
def	test_market	PRIMARY	test_market	account	PRIMARY KEY	YES
def	test_market	uk_account_numbe	test_market	account	UNIQUE	YES

SELECT * FROM information_schema.table_constraints WHERE table_schema = 'test_market' AND table_nam 只读　　　查询时间: 0.000s　　第 1 条记录 (共 2 条)

图 5.8　account 表拥有约束情况

2. 删除唯一性约束

确认了需要删除的唯一性约束后，可以通过 ALTER TABLE 语句配合 DROP INDEX 子句来删除它。

删除唯一性约束的语法：

```
ALTER TABLE 表名称
  DROP INDEX 约束名
```

⚠️ **注意：**

① 不是 DROP UNIQUE。

② 删除唯一性索引的同时，删除唯一性约束。

③ 实际上，删除所有约束的语法都可以统一写成：

```
ALTER TABLE 表名称
  DROP CONSTRAINT 约束名
```

【例 5.4】从 account 表中删除名为 uk_account_number 的唯一性约束。

在 SQL 编辑器中执行如下语句：

```
ALTER TABLE account
  DROP INDEX uk_account_number;
```

执行这个命令会从 account 表移除 uk_account_numberl 唯一索引，相应地唯一性约束也就被删除了。

⚠️ **注意**：在执行这一操作之前，请确保了解其对数据库的潜在影响，如是否有其他数据库对象（如外键）依赖于该唯一性约束。

任务 5.3 创建和管理检查约束

微课：创建和
管理检查约束

5.3.1 作用

检查约束是数据库中用于确保字段中的值符合特定条件的一种表级别的约束。例如，一个性别字段可能被限定只能包含"男"或"女"这两个值。

5.3.2 关键字

检查约束可以通过 CHECK 关键字来实现。

5.3.3 说明

在 MySQL 的早期版本（如 MySQL 5.7）中，CHECK 约束在创建时被解析但未被实施，因此对数据完整性没有实际影响。从 MySQL 8.0 开始，CHECK 约束成为一项可执行的约束，可以阻止不满足指定条件的数据被插入表中。

5.3.4 添加检查约束

检查约束可以在创建表时定义，也可以在表创建后通过 ALTER TABLE 语句添加。

1. 在创建表时添加检查约束

可以在定义表结构时包含 CHECK 约束。语法如下：

```
CREATE TABLE 表名称 (
    字段名  数据类型
    字段名  数据类型  CHECK(条件表达式)    #列级约束
    字段名  数据类型
);
```

或者使用表级约束语法：

```
CREATE TABLE 表名称 (
    字段名  数据类型 ,
[CONSTRAINT 约束名]  CHECK(条件表达式)  #表级约束
);
```

【**例 5.5**】在 test_market 数据库中创建一个配送员 deliverystaff 表（表结构见表 5.2），并为岗位级别 positionlevel 字段添加 CHECK 约束。

表 5.2 deliverystaff 表结构

字 段	含义	数据类型	长度	是否可空	约 束
staffid	员工 ID	TINYINT		NOT NULL	主键
name	员工姓名	VARCHAR	20	NOT NULL	
positionlevel	级别	CHAR	2	NOT NULL	默认值：1 级 取值范围：1 级、2 级、3 级、4 级、5 级
tel	电话	CHAR	11	NOT NULL	

在 SQL 编辑器中执行如下语句：

```
CREATE TABLE deliverystaff(
 staffid TINYINT PRIMARY KEY,
 name VARCHAR(20) NOT NULL,
  positionlevel CHAR(2) NOT NULL DEFAULT '1级'
  CHECK(positionlevel IN('1级', '2级','3级', '4级', '5级')),
  tel CHAR(11) NOT NULL
);
```

或者，将 CHECK 约束定义在表级别：

```
CREATE TABLE deliverystaff(
  staffid TINYINT PRIMARY KEY,
  name VARCHAR(20) NOT NULL,
  positionlevel CHAR(2) NOT NULL DEFAULT '1级',
  tel CHAR(11) NOT NULL,
  CONSTRAINT ck_positionlevel CHECK(positionlevel IN('1级', '2级','3级',
'4级', '5级'))
);
```

尝试向 deliverystaff 表中插入一些记录，例如：

```
INSERT INTOdeliverystaff VALUES(1,'李师傅','5级','13610011001');   -- 成功
INSERT INTO deliverystaff VALUES(2,'丁师傅',DEFAULT,'13610011002'); -- 成功
INSERT INTOdeliverystaff VALUES(3,'黄师傅','3级','13610011003');   -- 成功
INSERT INTOdeliverystaff VALUES(4,'赵师傅','无','13610011004');
                                      -- 失败，因为违反了 CHECK 约束
```

2. 在表创建后添加检查约束

在刚创建表时添加检查约束，语句如下：

```
ALTER TABLE 表名称
  ADD CONSTRAINT 约束名
  CHECK(条件表达式);
```

或者，修改现有字段并添加 CHECK 约束，语句如下：

```
ALTER TABLE 表名称
  MODIFY 字段名 数据类型 CHECK(条件表达式);
```

【例 5.6】在 test_market 数据库中，给 deliverystaff 表的 tel 字段添加一个 CHECK 约束，以确保电话号码字段 tel 是一个长度为 11 位的数字字符串。

在 SQL 编辑器中执行如下语句：

```
ALTER TABLE deliverystaff
ADD CONSTRAINT CR_ck
CHECK(LENGTH(tel) = 11 AND tel REGEXP '^[0-9]+$');
```

这条 ALTER TABLE 语句为 tel 字段增加了名为 tel_ck 的 CHECK 约束，该约束将执行如下两项检查：

（1）LENGTH 函数用于计算字符串中的字符数量。在本例中，LENGTH(tel)=11 用于确保电话号码字段 tel 的长度恰好是 11 位，这意味着电话号码需要有 11 个字符。

（2）REGEXP 是正则表达式，用于匹配字符串模式的强大工具。在本例中，tel REGEXP '^[0-9]+$' 用于检查电话号码字段 tel 是否只包含数字，具体解释如下：^ 表示字符串的开始，[0-9]+ 表示一个或多个数字，$ 表示字符串的结束。

结合起来，这个正则表达式确保电话号码全部字段仅由数字构成。在项目 7 数据查询中，将会对正则表达式进行详细讲解。

结合这两个条件，可以确保 tel 字段中的数据既满足长度要求，也仅由数字构成。如果试图插入不符合这些条件的记录，数据库将拒绝该操作并显示错误。

为了测试刚添加到 user 表上的 tel 字段的 CHECK 约束，可以尝试添加几条测试记录，在 SQL 编辑器中执行以下语句：

```
-- 成功的测试案例，满足约束条件的电话号码
INSERT INTO USER VALUES(4, '王师傅', '4 级', '12345678901');
-- 失败的测试案例，电话号码的长度不是 11 位
INSERT INTO USER VALUES(5, '何师傅', '4 级', '123456789');
-- 失败的测试案例，电话号码包含非数字字符
INSERT INTO USER VALUES(6, '陈师傅', '3 级', '12345abcde1');
-- 失败的测试案例，电话号码长度超过 11 位
INSERT INTO USER VALUES(7, '付师傅', '3 级', '123456789011');
```

5.3.5 删除检查约束

删除检查约束通常涉及以下步骤。

1. 查询表中所有的约束

```
SELECT *
FROM information_schema.table_constraints
WHERE table_schema = '数据库名称' AND table_name = '表名称';
```

2. 删除特定的检查约束

删除检查约束的语法：

```
ALTER TABLE 表名称
  DROP CONSTRAINT 约束名;
```

⚠️ **注意**：不是 DROP CHECK。

【**例 5.7**】删除 USER 表中的 CHECK 约束 ck_ck。

在 SQL 编辑器中执行如下语句：

```
ALTER TABLE USER
DROP CONSTRAINT ck_ck;
```

执行后，user 表中的 ck_ck 约束将被删除。

微课：创建和
管理外键约束

任务 5.4　创建和管理外键约束

5.4.1　外键约束简介

1. 作用

外键约束用于维护数据库表之间的引用完整性。例如，在 market 数据库中，如果有一个商品表 product，其字段 sortid 表示商品类别 ID，那么每个 sortid 必须在商品类别表 productsort 中存在相应的记录。

2. 关键字

外键约束通过 FOREIGN KEY 关键字实现。

3. 主表与从表关系

外键约束涉及两个表：主表（父表）和从表（子表）。主表包含被参考的关键数据，而从表则引用主表的数据。以 productsort 和 product 表为例，productsort 是主表，product 是从表。

5.4.2　外键约束的特性

外键约束具有以下特性。

（1）从表的外键列必须引用主表具有唯一性约束（如 PRIMARY KEY 或 UNIQUE）的列。

（2）默认情况下，外键约束会自动生成一个名称，但也可以手动指定。

（3）在定义外键约束时，必须先创建主表，随后才能创建引用它的从表。

（4）删除表要求先删除从表或其外键约束，再删除主表。

（5）当主表的数据被从表引用时，该数据不能被删除。若要删除，需先移除从表的相关依赖数据。

（6）一个表可以有多个外键约束。

（7）从表的外键列和主表被引用列的名称可以不同，但它们的数据类型和逻辑意义必须匹配，类型不匹配将导致错误。

（8）删除外键约束后，相应的索引不会自动删除，需手动操作。

5.4.3　添加外键约束

外键约束可以在创建表时直接定义，或者在表创建后通过 ALTER TABLE 语句添加。

1. 在创建表时定义外键约束

语法结构如下：

```
CREATE TABLE 主表名称 (
    字段1 数据类型 PRIMARY KEY,
    字段2 数据类型
);

CREATE TABLE 从表名称 (
    字段1 数据类型 PRIMARY KEY,
    字段2 数据类型 ,
    [CONSTRAINT <外键约束名称>] FOREIGN KEY（从表字段） REFERENCES 主表名称（主表字段） [ONUPDATE 操作级别][ON DELETE 操作级别]
);
```

语法说明如下。

（1）从表的外键字段数据类型必须与主表被参考字段的数据类型一致。

（2）从表的外键字段名可以与主表的被参考字段名不同。

（3）ON DELETE 和 ON UPDATE：在删除或更新主表数据时，相关联的从表数据可以采取的动作。

（4）操作级别：请参照"5.4.4 外键约束的操作级别"。

【例 5.8】在 market 数据库中，新建一个产品评论表 product_reviews 表，用来存储客户对某个商品的评论和评分，并建立 product_reviews 与 product 表和 customer 表之间的外键关系。

```
USE market;
CREATE TABLE productsort_reviews(
    reviewsid INT PRIMARY KEY AUTO_INCREMENT,
    productid CHAR(10) NOT NULL,
    customerid CHAR(10) NOT NULL,
    rating INT NULL,
    comment TEXT NULL,
    review_date TIMESTAMP DEFAULT CURRENT_TIMESTAMP,
    FOREIGN KEY(productid) REFERENCES product(productid),
    FOREIGN KEY(customerid) REFERENCES customer(id)
);
```

2. 在表创建后添加外键约束

如果表之间的关联关系在设计时未考虑，可以通过 ALTER TABLE 语句来添加外键约束。语法结构如下：

```
ALTER TABLE 从表名称
   ADD [CONSTRAINT 约束名] FOREIGN KEY（从表字段）REFERENCES 主表名称（主表
字段）
   [ON UPDATE 规则][ON DELETE 规则];
```

【例 5.9】在 market 数据库中，创建 notice 表和 admin 表之间的外键关系。

```
USE market;
ALTER TABLE notice
   ADD FOREIGN KEY(adminid) REFERENCES admin(id);
```

5.4.4 外键约束的操作级别

外键约束有以下操作级别。

（1）RESTRICT：禁止操作。当要删除或更新主表中被参照列上在外键中出现的值时，拒绝对主表的删除或更新操作，默认是 RESTRICT。

（2）NO ACTION：同 RESTRICT。

（3）CASCADE：级联操作。从主表删除或更新数据时自动删除或更新从表中匹配的行，使用 CASCADE 必须要谨慎。

（4）SET NULL：设置 NULL。当从主表删除或更新行时，设置从表中与之对应的外键列为 NULL，前提是该列可空。

（5）SET DEFAULT：设置默认值。

在实践中，一般使用 ON UPDATE CASCADE ON DELETE RESTRICT 来实现级联更新和受限删除。

以 sakila 数据库为例，film 表的 language_id 字段和 language 表的 language_id 字段存在一个表关联的案例。这种关联设置了两个约束：ON UPDATE CASCADE 和 ON DELETE RESTRICT。

（1）ON UPDATE CASCADE：表示当父表（language 表）中的一个记录更新了关键字段（如 language_id）时，所有依赖于这个关键字段的子表（film 表）中相应的字段也会自动更新。这样做的好处是可以保持数据的一致性和完整性。例如，film 表的 English 的 language_id 从 1 更改为 7，则所有使用该 language_id 的电影记录也会自动更新其 language_id。

（2）ON DELETE RESTRICT：用于确保数据的完整性。如果父表中的某条记录（即 language 表中的某个语言）被子表（如 film 表）引用，那么这条父表记录不能被删除。如果尝试删除，操作将被拒绝。这个约束是为了防止删除对子表有重要引用意义的数据。

5.4.5 外键约束的实际效果分析

在数据库设计中，添加外键约束对于确保数据的完整性和一致性至关重要。以 market 数据库中的商品表（product）和商品类别表（productsort）为例，假设在 product

表的 sortid 字段上已创建了一个外键约束，该约束引用了 productsort 表中的 sortid 字段。要查看与该外键相关的信息，可以右击 product 表，然后选择"设计表"选项，如图 5.9 所示。

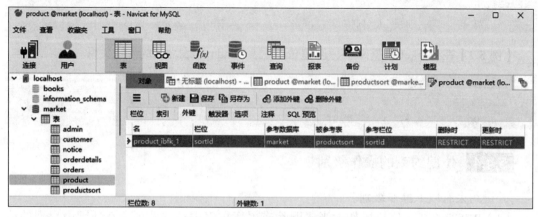

图 5.9　product 表上的外键约束

从图 5.9 中可以看到，外键约束的操作级别默认设置为 RESTRICT。在 RESTRICT 级别下，以下四种数据库操作会受到一定的限制。

1. 插入约束

当尝试在 product 表中插入一条新记录时，只有当该记录的 sortid 值在 productsort 表中存在时，插入操作才会成功。这确保了每个商品都属于一个有效的类别。

在 SQL 编辑器中执行如下语句：

```
INSERT INTO product (productid,sortid,productname, price,quantity,time)
VALUES ('7001','07', '龙粽', 9.8,100,CURRENT_DATE());
```

如果 productsort 表中不存在 sortid 为 07 的记录，上述插入操作将失败。

2. 更新约束

如果尝试更新 product 表中的一条记录，改变其 sortid 为一个在 productsort 表中不存在的值，更新操作将会失败。这确保商品类别的更改仍然引用一个有效类别。

在 SQL 编辑器中执行如下语句：

```
UPDATE product SET sortid = '07' WHERE productid = '1001';
```

如果 productsort 表中没有 sortid 为 07 的记录，上述更新操作将失败。

3. 删除约束

当尝试从 productsort 表中删除一个类别时，如果该类别仍被 product 表中的某些商品引用，则删除操作将失败。这保证了不能删除仍在使用的商品类别。

```
DELETE FROM productsort WHERE sortid = '01';
```

如果 product 表中有商品的 sortid 为 01，上述删除操作将失败。

4. 级联操作

将 product 表上的外键关联设置修改为推荐的约束方式: ON UPDATE CASCADE 和 ON DELETE RESTRICT, 如图 5.10 所示。

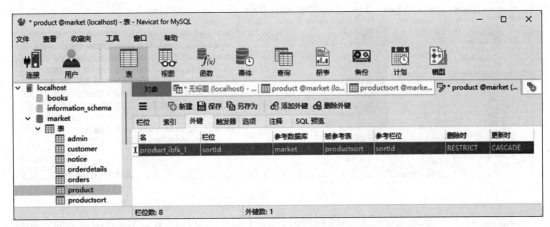

图 5.10 product 表在应用推荐约束方式后的外键设置

在 ON UPDATE CASCADE 模式下, 可以观察到 product 表和 productsort 表之间的相互制约关系。当 productsort 表中的 sortid 字段被更新时, 所有引用该字段的 product 表记录会自动同步更新。这种机制确保了 product 表与 productsort 表数据的一致性, 显著减少了手动更新数据的复杂性。

在 SQL 编辑器中执行如下语句:

```
UPDATE productsort SET sortid ='13' WHERE sortid= '01';
```

如图 5.11 和图 5.12 所示, 展示了两张表的级联更新关系。

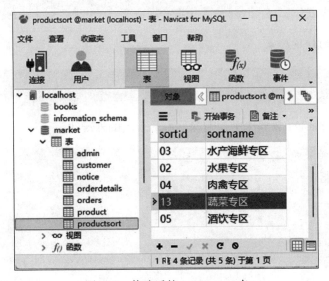

图 5.11 修改后的 productsort 表

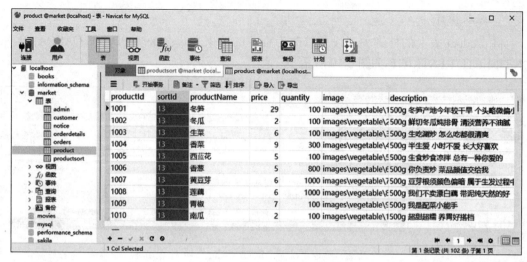

图 5.12　修改后的 product 表

此外，如果外键约束中指定了级联删除操作（如 ON DELETE CASCADE），那么删除 productsort 表中的某个类别时，将导致 product 表中所有引用该类别的商品记录也被级联删除。这种机制是一种强制性的数据维护方式，使用时需特别谨慎。

5.4.6　删除外键约束

删除外键约束通常包括以下步骤。

1. 查询表中所有的约束

```
SELECT *
FROM information_schema.table_constraints
WHERE table_schema = '数据库名称' AND table_name = '表名称';
```

2. 删除特定的外键约束

```
ALTER TABLE 表名称
DROP CONSTRAINT 约束名;
```

【例 5.10】在 market 数据库中，删除 notice 表上的外键约束。

```
-- 查看 notice 表的所有外键约束
SELECT *
FROM information_schema.table_constraints
WHERE table_name = 'notice';
-- 删除 notice 表的外键约束
ALTER TABLE notice
DROP FOREIGN KEY notice_ibfk_1;
```

⚠️ 注意：外键约束可能对系统性能有影响，尤其是在高并发场景下。某些情况下，可以在应用层实现逻辑以确保数据一致性，而不依赖数据库的外键约束。

◆ 项目任务单 ◆

在本项目中，我们深入探讨了 MySQL 数据库的约束管理，包括唯一约束、外键约束及 CHECK 检查约束。这些都是数据库设计和管理的重要技能，为了检验读者的理解和掌握程度，请完成以下任务。

1. 简述什么是数据库的约束，以及它们的作用是什么？

_____

_____

2. 主键约束和唯一约束有什么区别？

_____

_____

3. 试举例说明外键约束和检查约束在数据库设计中的作用。

_____

_____

◆ 拓 展 任 务 ◆

请对自己设计的数据库进行创建和管理约束的操作，以强化对数据库约束的理解和掌握。在创建表和添加约束过程中，注意约束的类型和约束的定义，保持每个表的数据完整性和一致性。同时，思考如何优化表的结构和约束的设置，使其更加满足实际的业务需求。尝试调整不同的约束，观察结果，并对比分析不同约束对数据和表结构的影响。这个实践任务将帮助读者更好地理解和应用 MySQL 数据库的约束，提升数据库设计和管理技能。

项目 6

数 据 操 纵

项目目标

- 能够理解数据增删改的数据表层面和应用层面的意义；
- 学习如何插入数据记录，并将数据插入指定的数据表中的相应列中；
- 学习如何对数据库表中已有的数据进行修改或更新操作；
- 学习如何删除数据记录，清理和管理数据库中的数据，保持数据的准确性和完整性。

项目描述

　　数据操纵是数据库应用中至关重要的一个环节，它涉及对数据进行插入、更新和删除操作，以满足业务需求和保持数据的一致性。

　　在本项目中，我们将学习如何使用插入语句将一条或多条数据插入指定数据表的相应列中，如何更新数据库表中已有的数据记录，以及如何删除数据库表中的数据记录。通过完成本项目，读者能够熟练地进行数据操纵操作，包括插入、更新和删除数据记录，以及如何确保数据的准确性和完整性。

任务 6.1 插 入 数 据

微课：插入数据

　　INSERT、UPDATE、DELETE 和 SELECT 是 SQL 语句中数据操纵语言的关键部分。INSERT 语句用于向数据库表中插入（或添加）行。

　　插入数据可以通过以下四种方式实现：

　　（1）插入完整的行；

　　（2）插入行的一部分；

（3）插入多行；

（4）插入其他查询的结果。

接下来，将逐一介绍这些具体操作。

6.1.1 插入单行

向表中插入数据最简单的方法是使用基本的 INSERT 语法，它要求指定表名和要插入的值，将数据按照字段的默认顺序插入表中。具体的语法结构如下：

```
INSERT INTO 表名
VALUES (值1, 值2,...);
```

在值列表中，需要为表的每个字段指定一个值，并且值的顺序必须与数据表中字段定义时的顺序相同。

【例 6.1】在 market 数据库中，向 productsort 表中新增一条记录。

在 SQL 编辑器中执行如下语句：

```
USE market;
INSERT INTO productsort
VALUES('06','粮油调味');
```

结果将在 productsort 表中插入一个新的商品类别"粮油调味"。在 VALUES 子句中，提供了要存储在每个表列中的数据。

上述 INSERT 语法并不安全，它高度依赖于表中列的定义顺序，且依赖于可获取的顺序信息，应尽量避免使用。即使获取了这种顺序信息，也不能保证在表结构变动后各个列保持完全相同的顺序。因此，编写依赖于特定列顺序的 SQL 语句是不安全的，可能会出现问题。更安全（但稍显烦琐）的写法如下：

```
INSERT INTO 表名 (字段1 [, 字段2, ..., 字段n])
VALUES (值1 [,值2, ..., 值n]);
```

为了完成相同的插入操作，可以执行以下语句：

```
INSERT INTO productsort(sortid,sortname)
VALUES ('06','粮油调味');
```

该 SQL 语句与上一个 INSERT 语句的作用完全相同，但在表名后的括号中明确地给出了列名。在插入行时，MySQL 将使用 VALUES 列表中的相应值填充列名所指定的列。VALUES 中的第一个值对应第一个指定的列名，第二个值对应第二个列名，以此类推。由于提供了列名，VALUES 必须按照列名指定的顺序与其匹配，而不是按照列在实际表中的顺序。这样，即使表的结构发生变化，这个 INSERT 语句仍然能够正常工作。

在 SQL 编辑器中执行如下语句：

```
INSERT INTO productsort(sortname,sortid)
VALUES ('夏季冰饮','07');
```

上述 INSERT 语句填充了所有列，但使用了不同的顺序。由于提供了列名，插入结果仍然是正确的。

【例 6.2】在 sakila 数据库中，要实现向 customer 表中新增一条记录。

在 SQL 编辑器中执行如下语句：

```
USE sakila;
INSERT INTO customer(store_id,first_name,last_name,address_id,create_date)
VALUES (1,'XiaoFan','Ding',1,'2022-3-28');
```

在这个插入语句中，store_id 字段是自动编号的，无须插入；first_name 和字段不允许为空；address_id 字段不允许为空，但是默认值为 1，也可以不插入，系统会自动将默认值 1 插入；同样，create_date 字段也有默认值，为当前系统时间。

省略的列必须满足以下条件之一：

（1）列定义为允许 NULL 值（无值或空值）；

（2）在表定义中给出了默认值。这表示如果不提供值，将使用默认值。

如果对于不允许 NULL 值且没有默认值的列没有提供值，MySQL 将产生错误消息，并且相应的行插入操作不会成功。

6.1.2 插入多行

如果想一次向表中插入多行数据，可以使用多个 INSERT 语句，每个语句以分号结束。

【例 6.3】在 market 数据库中，向 productsort 表中新增多条记录。

在 SQL 编辑器中执行如下语句：

```
USE market;
INSERT INTO productsort(sortid,sortname)
VALUES ('08','冻品面点');
INSERT INTO productsort(sortid,sortname)
VALUES ('09','乳品烘焙');
INSERT INTO productsort(sortid,sortname)
VALUES ('10','熟食卤味');
```

或者，只要每条 INSERT 语句中的列名和顺序相同，可以使用以下语句组合多个语句：

```
USE market;
INSERT INTO productsort(sortid,sortname)
VALUES ('08','冻品面点'),
       ('09','乳品烘焙'),
       ('10','熟食卤味');
```

上述例子中，单个 INSERT 语句包含多个值，每个值可以组合在一起，被一对括号括起来，并用逗号分隔。

在同时插入多条记录时，MySQL 会返回一些在插入单行时没有的额外信息。这些信息的含义如下：

（1）Records 表示插入的记录条数；

（2）Duplicates 表示被忽略的重复记录，原因可能是这些记录包含了重复的主键值；

（3）Warnings 表示有问题的数据值，如发生了数据类型转换。

MySQL 处理多个插入的单条 INSERT 语句比处理多个 INSERT 语句更快，因此使用第二种多行记录插入技术可以提高数据库处理性能。

6.1.3 插入检索出的数据

除了插入手动提供的值，INSERT 还可以将 SELECT 语句查询的结果插入表中，这样就不需要逐个输入每一条记录的值，只需使用一条 INSERT 语句和一条 SELECT 语句组合形成的语句，即可快速地从一个或多个表中向一个表中插入多行。

基本语法结构如下：

```
INSERT INTO 目标表名
 （目标表字段1 [，目标表字段2，…，目标表字段n]）
SELECT （源表字段1 [，源表字段2，…，源表字段n]）
FROM 源表名
[WHERE 条件];
```

⚠ **注意：**

① 在 INSERT 语句中加入了子查询；

② 不需要书写 VALUES 子句；

③ 子查询中的值列表应与 INSERT 子句中的列名一一对应。

【例 6.4】在 MySQL 图形化操作界面，对 market 数据库新建一个 productsort2 表，表结构同 productsort 表，然后将 productsort 表中类别名称为"水"的所有数据导入 productsort2 中。

在 SQL 编辑器中执行如下语句：

```
USE market;
INSERT INTO productsort2
SELECT * FROM
productsort
WHERE sortName LIKE '%水%';
```

使用 SELECT 语句从 productsort 表中检索出要插入的值，而不是列出这些值。SELECT 语句中列出的每个列都对应于表名 productsort 后面指定的每个列的列表，插入多少行取决于符合 WHERE 筛选条件的 productsort 表中的行数。如果 productsort 表为空，将不会插入任何行（也不会产生错误，因为操作仍然是合法的）。如果表中有数据，则满足条件的所有数据将被插入 productsort2 表中。

这个例子中 INSERT 和 SELECT 语句使用了相同的列名。但实际上，不要求列名匹配，MySQL 甚至不关心 SELECT 返回的列名。它使用的是列的位置，因此 SELECT 语句中的第一列（不管列名是什么）将用来填充 INSERT 子句中指定的第一列，第二列将用来填充 INSERT 子句中指定的第二列，以此类推。这对于从具有不同列名的表中导入数据非常有用。

任务 6.2 更 新 数 据

微课：更新数据

可以使用 UPDATE 语句更新（修改）表中的数据，其语法结构如下：

```
UPDATE 表名
SET 字段名 1 = 新值 1 [, 字段名 2 = 新值 2, …, 字段名 n = 新值 n]
[WHERE 条件];
```

UPDATE 语句可以一次更新多条数据。如果需要回滚数据更改，为了确保数据的安全性和一致性，有时需要在发生错误时能够撤销这些更改，则需要在执行 DML 操作前设置：SET AUTOCOMMIT = FALSE。使用 WHERE 子句指定要更新的数据行。

【例 6.5】在 market 数据库中，将 product 表中商品 ID（productid）为 1002 的商品价格（price）更新为 4.5。

在 SQL 编辑器中执行如下语句：

```
USE market;
UPDATE product
SET price=4.5
WHERE productid='1002';
```

UPDATE 语句非常易于使用，甚至可以说过于容易了。基本的 UPDATE 语句由三部分组成：

（1）要更新的表；

（2）列名和它们的新值；

（3）确定要更新行的筛选条件。

⚠️ 注意：在使用 UPDATE 语句时，如果省略了 WHERE 子句，将会更新表中的所有数据。

更新多列的语法略有不同。

【例 6.6】在 market 数据库中，将商品 product 表中商品 ID 为 1001 的商品价格更新为 45 元，并将库存数量更新为 300。

在 SQL 编辑器中执行如下语句：

```
USE market;
UPDATE product
SET price=45, quantity =300
WHERE productid='1001';
```

此外，还需要注意在更新过程中可能出现的数据完整性错误。例如，如果执行以下语句：

```
USE Market;
UPDATE product
```

```
SET sortid='12'
WHERE productid='1001';
```

将会报 1452 错误，提示违反了外键约束，即在 productsort 表中不存在 sortid 为 12 的商品类别。

UPDATE 语句可以使用子查询，将 SELECT 语句检索出的数据用于更新列数据。

【例 6.7】在 sakila 数据库中，用一个子查询在 language 表中查到 French 的语言编号（language_id），然后将这个值赋予 film 表中影片编号（film_id）为 1 的电影的原始语言（original_language_id）。

在 SQL 编辑器中执行如下语句：

```
USE sakila;
UPDATE film
SET original_language_id=
  (SELECT language_id
   FROM language
   WHERE name ='French')
WHERE film_id=1;
```

任务 6.3 删 除 数 据

微课：删除数据

要从表中删除（去掉）数据，可以使用 DELETE 语句。DELETE 语句非常易于使用，其基本语法结构如下：

```
DELETE FROM 表名
[WHERE 条件];
```

在 DELETE 语句中，表名指定要执行删除操作的表，而 [WHERE 条件] 为可选参数，用于指定删除的条件。如果没有 WHERE 子句，DELETE 语句将删除表中的所有记录。在使用 DELETE 语句时一定要谨慎，因为稍不注意就可能错误地删除表中的所有行。

【例 6.8】在 sakila 数据库中，删除 customer 表中不活跃客户。

在 SQL 编辑器中执行如下语句：

```
USE sakila;
DELETE FROM customer
WHERE active = 0;
```

这条语句很容易理解。DELETE FROM 要求指定要删除数据的表名。WHERE 子句用于筛选要删除的行。在这个例子中，只删除活跃状态为 0 的客户。如果省略 WHERE 子句，将删除表中的每个客户。

同样，需要注意删除操作中的数据完整性错误。例如，如果在 SQL 编辑器中执行如下语句：

```
USE market;
DELETE FROM productsort
WHERE sortid = '01';
```

将会报 1451 错误，提示违反了外键约束，即商品 product 表中的 sortid 字段参考了商品类别 productsort 表中的 sortid，而 product 表中存在商品类别 ID 为 01 的商品记录。

⚠️ **注意：**DELETE 操作不需要列名或通配符，它删除整行而不是删除列。如果要删除指定的列，应使用 UPDATE 语句。DELETE 语句删除表中的行，甚至可以删除表中的所有行。然而，DELETE 操作不会删除表本身。

任务 6.4　更新和删除的指导原则

在执行更新和删除操作时，需要特别注意，如果在执行 UPDATE 时不带 WHERE 子句，将会更新表中的每一行数据。同样地，如果执行 DELETE 语句时不带 WHERE 子句，将会删除表中的所有数据。下面是许多程序员在使用 UPDATE 或 DELETE 时遵循的规范。

（1）除非确实打算更新和删除每一行数据，否则绝对不要使用不带 WHERE 子句的 UPDATE 或 DELETE 语句。

（2）确保每个表都有主键，并尽可能使用它（可以指定单个主键、多个值或值的范围）作为 WHERE 子句的一部分。

（3）在对 UPDATE 或 DELETE 语句使用 WHERE 子句之前，应先使用 SELECT 进行测试，确保 WHERE 子句过滤的是正确的记录，以防 WHERE 子句编写错误。

（4）使用强制实施引用完整性的数据库，这样 MySQL 将不允许删除与其他表相关联的数据行。

◆ 项目任务单 ◆

在本项目中，我们对数据操纵语言中的增加（INSERT）、更新（UPDATE）和删除（DELETE）操作进行了深入讲解，目的是让读者进一步掌握表数据的操纵技巧。我们探讨了使用 INSERT 的各种方法和明确使用列名的重要性，解析了如何通过 INSERT SELECT 语句从其他表中导入数据，进一步阐述了如何使用 UPDATE 和 DELETE 语句管理表中的数据。在此过程中，强调了 WHERE 子句在 UPDATE 和 DELETE 语句中的重要性，并提出了一些实践指导原则，以确保数据的安全和完整性。为了检验读者的理解和掌握程度，请完成以下任务。

1. 为什么在使用 UPDATE 和 DELETE 语句时，WHERE 子句的使用是重要的？如果不使用 WHERE 子句会发生什么？

2. 能否给出一个场景，其中需要从一个表中导入数据到另一个表中？请说明该如何使用 INSERT SELECT 语句完成此操作。

_____

_____

3. 描述在实际操作中，应该遵循哪些指导原则来保证数据的安全性。

_____

_____

◆ 拓 展 任 务 ◆

请在自己设计的数据库项目中，选择一个数据库表进行操作。具体任务如下：

（1）数据插入：编写并执行一个 INSERT 语句，向该表中插入至少五条新的数据。

（2）数据更新：编写并执行一个 UPDATE 语句，更新至少三条数据的某个字段的值。

（3）数据删除：选择至少一条可以删除的数据，编写并执行 DELETE 语句进行删除。

（4）数据完整性检查：查看所操作的表是否有外键约束，如果有，则尝试删除一些可能违反外键约束的记录，观察并记录错误信息。

项目 7

数 据 查 询

项目目标

- 掌握 SELECT 基本查询的 SQL 语法，能够准确地编写查询语句；
- 熟练运用 JOIN 操作，能够实现多表查询，对多个表进行连接操作；
- 理解子查询的概念，并能够将子查询与多表查询进行等价查询转换；
- 能够根据应用需求，提炼和设计准确、高效的查询语句。

项目描述

  MySQL 查询是指使用 SELECT 语句从一个或多个表中检索数据的操作。通过执行 SELECT 查询，可以从一个表中检索出符合特定条件的数据行，以满足基本的数据查询。除此之外，通过灵活运用查询语句，可以从庞大的数据中提取有价值的信息，并支持业务的发展和决策过程。

  在本项目中，我们将学习 MySQL 数据库查询的基本知识和技巧，掌握如何独立设计和优化查询语句，以提高系统的性能和响应速度。同时，还将了解数据库查询的原理和执行过程，培养深入分析和解决查询问题的能力。

任务 7.1   使用 SELECT 基本查询语句

微课：使用
SELECT 基本
查询语句

SELECT 基本查询语句的语法结构如下：

```
SELECT [ALL|DISTINCT] 列名 1, 列名 2, ...
[FROM 表名 1[, 表名 2]...]
[WHERE 条件]
[GROUP BY 列名 1, 列名 2, ...]
```

```
[HAVING 条件]
[ORDER BY 列名1 [ASC|DESC], 列名2 [ASC|DESC], ...]
[LIMIT {[偏移量,] 行数 | 行数 OFFSET 偏移量}]
```

语法说明如下。

- SELECT 子句：用于指定要查询的列名或表达式。可以使用 ALL 关键字表示返回所有行（默认），也可以使用 DISTINCT 关键字表示返回不重复的行。
- FROM 子句：指定查询的表名或表名列表，用于指定查询的数据来源。
- WHERE 子句：用于筛选满足特定条件的数据行。只返回符合条件的数据。
- GROUP BY 子句：用于对查询结果进行分组。常与聚合函数一起使用，可以按照指定的列名进行分组。
- HAVING 子句：在 GROUP BY 之后使用，用于筛选分组后的数据。
- ORDER BY 子句：用于对查询结果进行排序。可以按照指定的列名进行排序，还可以指定升序（ASC）或降序（DESC）。
- LIMIT 子句：用于限制查询结果的返回行数。可以指定返回的行数，也可以指定偏移量和行数，用于分页查询。

以上是标准的 SELECT 语句及其语法结构，可以根据具体需求灵活组合和使用各个子句，以获取需要的数据结果。

动词 SELECT 为整个语句的谓语部分，即要求 SQL 命令执行选择操作。单独使用 SELECT 也可以查询一些信息，在命令行中执行如下语句：

```
# 检索 1+2 的值
SELECT 1+2;
```

执行上述语句后，将返回计算结果 3，执行结果如图 7.1 所示。

SELECT 关键字用于读取数据信息，而不修改数据信息。所选择的内容由 SELECT 后面的表达式或列名列表决定。FROM 子句用于指定要读取数据的表。这样就可以构建一个基本的 SELECT 语句。

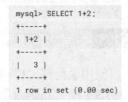

图 7.1 单独执行 SELECT 的结果

7.1.1 检索单列

下面以一个例子介绍如何使用 SELECT 语句检索表中的数据。

【例 7.1】检索 market 数据库商品 product 表中一个名为商品名称（productname）的列。在 SQL 编辑器中执行如下语句：

```
USE market;
SELECT productname
FROM product;
```

查询结果中的列正好是 SELECT 语句中的 SELECT 列表。简言之，SELECT 列表由查询要求输出的列组成，FROM 关键字指定要从中检索数据的表名。该语句将返回表中的所有行，执行结果如图 7.2 所示。

如果没有明确排序查询结果，则返回的数据顺序没有特殊意义。返回数据的顺序可能是数据添加到表中的顺序，也可能不是。只要返回的行数相同，都是正常的。

7.1.2 检索多列

在 SELECT 关键字后，使用逗号分隔多个列名来检索表中多列。

【例 7.2】 检索 market 数据库商品 product 表中商品 ID（productid）、商品名称（productname）和价格（price）的列。

在 SQL 编辑器中执行如下语句：

```
SELECT productid,productname,price
FROM product;
```

执行结果如图 7.3 所示。

图 7.2　例 7.1 的执行结果

图 7.3　例 7.2 的执行结果

7.1.3 检索所有列

可以使用通配符"*"来代替逐个列出列名的方式，从而检索表中的所有列。

【例 7.3】 检索 market 数据库商品 product 表中的所有列。

在 SQL 编辑器中执行如下语句：

```
SELECT *
FROM product;
```

执行结果如图 7.4 所示。

productid	sortid	productname	price	quantity	image	description	time
1001	01	冬笋	39	100	images\vegetable\1500g	冬笋产地今年轻	2019-09-29 21:17:3
1002	01	冬瓜	2	100	images\vegetable\2500g	鲜切冬瓜炖排	2017-09-29 21:17:3
1003	01	生菜	6	100	images\vegetable\3500g	生吃涮炒 怎么	2019-09-29 21:17:3
1004	01	香菜	9	300	images\vegetable\4500g	半生爱 小时不	2019-09-29 21:17:3
1005	01	西蓝花	5	100	images\vegetable\5500g	生食炒食凉拌	2019-09-29 21:17:3

图 7.4　例 7.3 的执行结果

⚠️ **注意：** 虽然使用通配符可以节省输入查询语句的时间，但通常不推荐在生产环境中直接使用"SELECT *"进行查询。这是因为获取不需要的列数据可能会降低查询效率。通配符的优势在于当不知道需要的列名时，可以使用它来获取所有列。

7.1.4　去除重复行

DISTINCT 谓词在 SELECT 语句中起着重要的作用，用于处理重复数据。SELECT 语句会返回所有匹配的行，但如果不想重复的值出现，该如何处理呢？

【例 7.4】检索 market 数据库商品 product 表中所有的商品类别 ID（sortid）。

在 SQL 编辑器中执行如下语句：

```
SELECT sortid
FROM product;
```

执行结果如图 7.5 所示。

结果返回了 100 条记录，但实际上该表中只有 5 个商品类别。从技术上看，结果满足要求，但并不实用，因为结果包含了重复的行。解决这个问题，可以使用 DISTINCT 关键字。

在 SQL 编辑器中执行如下语句：

```
SELECT DISTINCT sortid
FROM product;
```

执行结果如图 7.6 所示。

图 7.5　例 7.4 的执行结果

图 7.6　使用 DISTINCT 谓词后例 7.4 的执行结果

通过运行以上代码，可以看到返回的结果数量大大减少，并且结果更加合理。

DISTINCT 关键字应用于所有列，而不仅仅是前面的列。对于语句 SELECT DISTINCT sortid, productname;，除非指定的两列都不同，否则所有行都将被检索出来，这样的查询没有实际意义。

7.1.5　使用别名

可以使用 AS 关键字为列添加别名，这不仅可以增强结果集的可读性，还可以方便计算。别名需要使用双引号括起来，以便在别名中使用空格或特殊字符，并且区分大小写。

【例 7.5】检索 market 数据库商品表 product 中的商品 ID（productid）和商品名称（productname），并分别以别名"商品 ID"和"商品名称"显示。

在 SQL 编辑器中执行如下语句：

```
SELECT productid AS "商品ID", productname AS "商品名称"
FROM product;
```

执行结果如图 7.7 所示。

AS 关键字可以省略，建议使用简短的别名，以便清晰明了地表达意思。

接下来是一个别名应用的示例。

【例 7.6】检索 sakila 数据库 staff 表中的员工 ID（staff_id）和员工姓名（由 first_name 和 last_name 组合而成）的信息。

在命令行中执行以下语句：

```
SELECT staff_id "员工ID", CONCAT(first_name,' ',last_name) "员工姓名"
FROM staff;
```

执行结果如图 7.8 所示。

图 7.7　例 7.5 的执行结果

```
mysql> SELECT staff_id "员工编号",CONCAT(first_name,' ',last_name) "员工姓名"
    -> FROM staff;
+----------+---------------+
| 员工ID   | 员工姓名       |
+----------+---------------+
|        1 | Mike Hillyer  |
|        2 | Jon Stephens  |
+----------+---------------+
2 rows in set (0.01 sec)
```

图 7.8　例 7.6 的执行结果

CONCAT() 函数用于字符串拼接，这里将三个字符串进行拼接，生成一个新的字符串。

7.1.6　使用完全限定的表名

到目前为止，书中示例都是通过列名来引用列。然而，在某些情况下（特别是在自查询和连接查询中），可能需要使用完全限定的表名来引用列（同时使用表名和列名）。

例 7.5 还可以使用下列 SQL 语句来完成检索：

```
SELECT product.productid AS "商品ID",
product.productname AS "商品名称"
FROM market.product;
```

执行结果如图 7.9 所示。

这条 SQL 语句使用了完全限定的表名和列名来指定商品 ID 和商品名称。在某些情况下，可能需要使用完全限定名来明确指定表名和列名的来源，因此需要注意这个语法，以便在遇到时知道它的作用。

图 7.9　使用完全限定的表名和
　　　　列名的查询结果

7.1.7 过滤数据

在例 7.3 中，检索了商品 product 表中所有列的信息，并返回了 100 条记录。但是实际应用中很少需要检索表中的所有行，通常只需要根据需求提取数据的子集。这就需要使用搜索条件来过滤数据。在 SELECT 语句中，可以使用 WHERE 子句指定搜索条件来过滤数据，WHERE 子句位于表名（FROM 子句）之后。

【例 7.7】检索 market 数据库中商品 product 表中商品类别 ID（sortid）为 01 的所有商品的名称（productname）和价格（price）。

在 SQL 编辑器中执行如下语句：

```
SELECT productname,price
FROM product
WHERE sortid='01';
```

执行结果如图 7.10 所示。

执行此语句后，将返回 product 表中商品类别 ID 为 01 的商品的名称和价格。该例使用了简单的"等于"比较，即检查一列是否具有指定的值并据此进行过滤。除了"等于"比较外，SQL 还支持其他条件操作符，如表 7.1 所示。

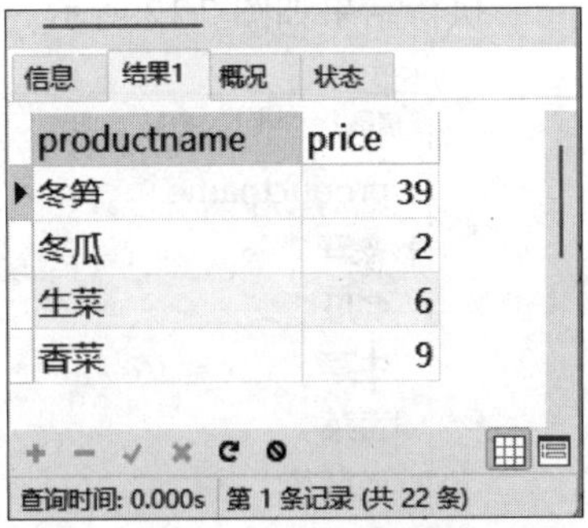

图 7.10 例 7.7 的执行结果

表 7.1 MySQL 所支持的条件操作符

操作符	说 明
=	等于
<>	不等于
!=	不等于
<	小于
<=	小于等于
>	大于
>=	大于等于
BETWEEN	在指定的两个值之间
IN	判断一个值是否在列表中
NOT IN	判断一个值是否不在列表中

【例 7.8】检索 market 数据库中商品 product 表中商品类别 ID（sortid）不为 02 的所有商品的名称（productname）和价格（price）。

在 SQL 编辑器中执行如下语句：

```
SELECT productname,price
FROM product
WHERE sortid <> '02';
```

执行结果如图 7.11 所示。

为了检查某个范围的值，可以使用 BETWEEN 操作符。它需要两个值，即范围的开始值和结束值。

【例 7.9】检索 market 数据库中商品 product 表中商品价格（price）在 15～30 元的所有商品的名称（productname）和价格（price）。

在 SQL 编辑器中执行如下语句：

```
SELECT productname,price
FROM product
WHERE price BETWEEN 15 AND 30;
```

执行结果如图 7.12 所示。

图 7.11　例 7.8 的执行结果　　　　　图 7.12　例 7.9 的执行结果

⚠ **注意**：在使用 BETWEEN 时，必须指定两个值，即所需范围的开始值和结束值，这两个值之间必须用 AND 关键字分隔。BETWEEN 匹配范围中的所有值，包括指定的开始值和结束值。

另外，可以使用 IN 操作符来判断一个值是否在一个列表中。

图 7.13　例 7.10 的执行结果

【例 7.10】检索 market 数据库中商品 product 表中商品类别 ID（sortid）为 01、03 或 05 的所有商品的类别 ID（sortid）和名称（productname）信息。

在 SQL 编辑器中执行如下语句：

```
SELECT sortid,productname
FROM product
WHERE sortid in ('01','03','05');
```

执行结果如图 7.13 所示。

7.1.8　MySQL 的运算符

在 MySQL 中，有多种运算符可用于对数据进行操作和过滤。这些运算符可以分为算术运算符和逻辑运算符。

微课：MySQL
的运算符

1. 算术运算符

算术运算符主要用于数学运算，如加法、减法、乘法、除法和取模运算。表 7.2 列出了 MySQL 所支持的算术运算符及其作用。

表 7.2　MySQL 所支持的算术运算符及其作用

运算符	名　称	作　用	示　例
+	加法运算符	计算两个值或表达式的和	SELECT A + B
−	减法运算符	计算两个值或表达式的差	SELECT A − B
*	乘法运算法	计算两个值或表达式的乘积	SELECT A * B
/ 或 DIV	除法运算符	计算两个值或表达式的商	SELECT A / B SELECT A DIV B
% 或 MOD	求模（取余）运算符	计算两个值或表达式的余数	SELECT A % B SELECT A MOD B

其应用示例如图 7.14 所示。

```
mysql> SELECT 100+50,100+50-30,100-45.5,100*2,100/2,100 DIV 2, 100 MOD 3,100%3
    -> FROM DUAL;
+--------+-----------+----------+-------+---------+-----------+-----------+-------+
| 100+50 | 100+50-30 | 100-45.5 | 100*2 | 100/2   | 100 DIV 2 | 100 MOD 3 | 100%3 |
+--------+-----------+----------+-------+---------+-----------+-----------+-------+
|    150 |       120 |     54.5 |   200 | 50.0000 |        50 |         1 |     1 |
+--------+-----------+----------+-------+---------+-----------+-----------+-------+
1 row in set (0.00 sec)
```

图 7.14　算术运算符应用示例

DUAL 是 MySQL 中的一个虚拟表。它的存在主要是为了满足 SELECT 语句必须有 FROM 子句的语法要求。在 MySQL 中，当只想执行一个简单的计算或函数，而不需要从实际的表中检索数据时，可以使用 DUAL 表；也可以省略 DUAL 表而直接使用 SELECT 语句。例如，以下两个查询会产生相同的结果：

（1）SELECT 1+1 FROM DUAL;

（2）SELECT 1+1;

这两个查询都会返回结果 2。第一个查询使用了 DUAL 表，而第二个查询直接省略了 FROM 子句。这是 MySQL 的一个特性，允许在不需要引用任何表的情况下执行 SELECT 语句。

然而，使用 DUAL 表的语法在其他一些数据库系统（如 Oracle）中是必需的，因此为了保持代码的可移植性，有时仍然会看到使用 DUAL 表的查询。

⚠ **注意**：在 MySQL 中，"+"表示加法运算，而不是字符串连接。如果将字符串与数值相加，MySQL 会将字符串隐式转换为数值进行计算。例如，100 + '1' 的结果为 101。

2. 逻辑运算符

逻辑运算符返回的结果为 1、0 或 NULL。在使用逻辑运算符时，可以通过 AND 和 OR 将多个条件组合在一起进行过滤。使用圆括号可以对操作符进行明确分组，消除歧义。表 7.3 列出了 MySQL 中支持的四种逻辑运算符及作用。

表 7.3　MySQL 支持的逻辑运算符及作用

运算符	作用	示　例
NOT 或 !	逻辑非	SELECT NOT A
AND 或 &&	逻辑与	SELECT A AND B SELECT A && B
OR 或 II	逻辑或	SELECT A OR B SELECT A II B
XOR	逻辑异或	SELECT A XOR B

可以使用 AND 操作符和多个条件来检索满足所有给定条件的行。

【**例 7.11**】检索 market 数据库中商品 product 表中商品类别 ID（sortid）为 03 且商品价格（price）在 15～30 元的所有商品 ID（productid）、商品类别 ID（sortid）和商品价格（price）。

在 SQL 编辑器中执行如下语句：

```
SELECT productid,sortid,price
FROM product
WHERE sortid='03' AND price BETWEEN 15 AND 30;
```

执行结果如图 7.15 所示。

类似地，可以使用 OR 操作符来检索满足任一条件的行。

【**例 7.12**】检索 market 数据库中商品 product 表中商品类别 ID（sortid）为 03 或商品价格（price）在 15～30 元的所有商品 ID（productid）、商品类别 ID（sortid）和商品价格（price）。

在 SQL 编辑器中执行如下语句：

```
SELECT productid, sortid, price
FROM product
WHERE sortid='03' OR price BETWEEN 15 AND 30;
```

执行结果如图 7.16 所示。

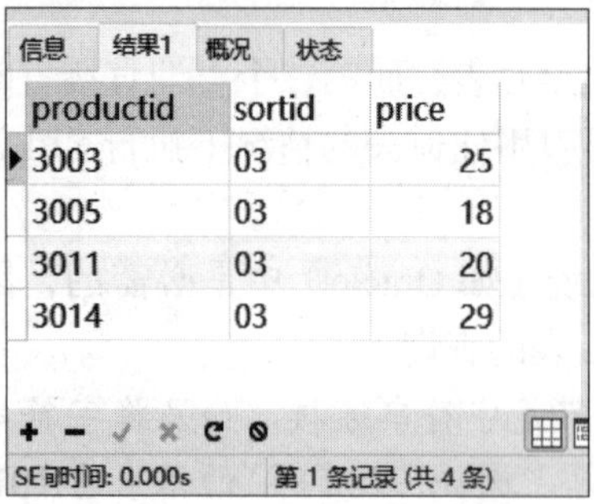

productid	sortid	price
3003	03	25
3005	03	18
3011	03	20
3014	03	29

图 7.15　例 7.11 的执行结果

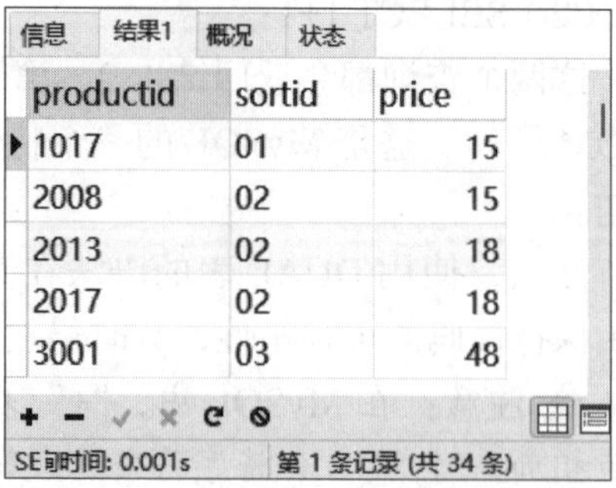

productid	sortid	price
1017	01	15
2008	02	15
2013	02	18
2017	02	18
3001	03	48

图 7.16　例 7.12 的执行结果

还可以使用 NOT 操作符对条件进行否定。

【**例 7.13**】检索 market 数据库中商品 product 表中商品价格（price）不在 15～30 元的所有商品的名称（productname）和价格（price）。

图 7.17 例 7.13 的执行结果

在 SQL 编辑器中执行如下语句:

```
SELECT productname, price
FROM product
WHERE price NOT BETWEEN 15 AND 30;
```

执行结果如图 7.17 所示。

⚠️ **注意**: 当同时使用 AND 和 OR 操作符时,要注意它们的优先级。为了消除歧义,建议在具有 AND 和 OR 操作符的 WHERE 子句中使用圆括号对操作符进行明确分组。

微课:模式匹配与空值比较

7.1.9 模式匹配与空值比较

1. 用通配符进行过滤

之前介绍的都是针对已知值进行过滤的操作符。然而,并不是所有情况都能满足这种过滤需求。例如,在运行 Market 网上购物系统时,如何找到所有商品名称中包含"瓜"的商品呢?简单的比较操作符无法实现,这时就需要使用通配符了。通配符是一种特殊含义的字符,用于在搜索子句中创建特定数据的搜索模式。对于上面这个问题,可以使用通配符搜索模式找到商品名称中任何位置包含"瓜"的商品。

通配符本身是应用在 WHERE 子句中有特殊含义的字符,SQL 支持多种通配符。为了在搜索子句中使用通配符,需要使用 LIKE 操作符。LIKE 操作符通常使用以下两个通配符:

(1)%:匹配 0 个或多个字符;

(2)_:只能匹配一个字符。

【例 7.14】检索 market 数据库商品 product 表中商品名称(productname)包含"瓜"的所有商品的 ID(productid)、名称(productname)和价格(price)信息。

在 SQL 编辑器中执行如下语句:

```
SELECT productid, productname, price
FROM product
WHERE productname LIKE '%瓜%';
```

执行结果如图 7.18 所示。

除了一个或多个字符,% 还可以匹配 0 个字符。它代表搜索模式中给定位置的 0 个、1 个或多个字符。

⚠️ **注意**: 虽然 % 通配符看起来可以匹配任何东西,但有一个例外,即 NULL。即使使用 WHERE productname LIKE '%',也不能匹配商品名为 NULL 的行。

下画线的作用与 % 相同,但它只能匹配单个字符,不能多也不能少。

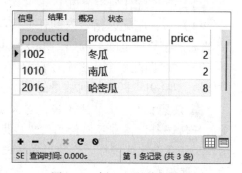

图 7.18 例 7.14 的执行结果

【例 7.15】检索 market 数据库商品 product 表中商品名称（productname）第 2 个字符是 "瓜" 的所有商品的 ID（productid）、名称（productname）和价格（price）信息。

在 SQL 编辑器中执行如下语句：

```
SELECT productid, productname, price
FROM product
WHERE productname LIKE '_瓜%';
```

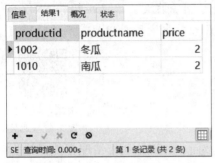

图 7.19 例 7.15 的执行结果

执行结果如图 7.19 所示。

2. ESCAPE 和 REGEXP 的使用

【例 7.16】检索 sakila 数据库 film 表中影片标题（title）中包含 "%" 的所有影片的编号（film_id）、标题（title）和描述（description）信息。

由于 "%" 是一个特殊字符，可以使用 ESCAPE 转义符来避免特殊字符的影响，将 "%" 转义为 "$%"，然后加上 "ESCAPE '$'"。

在 SQL 编辑器中执行如下语句：

```
SELECT film_id, title, description
FROM film
WHERE title LIKE '%$%%' ESCAPE '$';
```

如果结果为空，则说明不存在标题为 "%" 的电影信息，ESCAPE 转义符起到了作用。

REGEXP 运算符用于匹配字符串，具体 SQL 语法结构如下：

```
表达式 REGEXP 匹配条件
```

如果表达式满足匹配条件，则返回 1；如果不满足，则返回 0。如果表达式或匹配条件中任意一个为 NULL，则结果为 NULL。

REGEXP 运算符在进行匹配时，常用如下几种通配符。

（1）^：匹配以该字符后面的字符开头的字符串。

（2）$：匹配以该字符前面的字符结尾的字符串。

（3）.：匹配任何一个单字符。

（4）[ ]：匹配方括号内的任何字符。例如，"[abc]" 匹配 "a" 或 "b" 或 "c"。可以使用 "-" 来表示字符的范围。例如，"[a-z]" 匹配任何字母，"[0-9]" 匹配任何数字。

（5）*：匹配零个或多个在它前面的字符。例如，"x*" 表示匹配任何数量的 "x" 字符，类似地，"[0-9]*" 匹配任何数量的数字，"*" 匹配任何数量的任何字符。

⚠ 注意：* 不能单独使用，它必须作用于一个前导字符或表达式。若要匹配任何数量的任何字符，通常可以使用 ".*"，其中 "." 表示任意单个字符（除了换行符），"*" 则表示匹配任意个此类字符。这种用法在文本搜索和数据处理时非常常见和有用，帮助实现灵活的匹配模式。

以下 SQL 代码演示了 REGEXP 运算符的应用：

```
SELECT 'student' REGEXP '^s', 'student' REGEXP 't$', 'student' REGEXP 'tu',
       'student' REGEXP 't.d','student' REGEXP '[cd]'
FROM DUAL;
```

执行结果如图 7.20 所示。

'student' REGEXP '^s'	'student' REGEXP 't$'	'student' REGEXP 'tu'	'student' REGEXP 't.d'	'student' REGEXP '[cd]'
1	1	1	1	1

图 7.20　REGEXP 应用示例

3. 空值检查

在创建表时，可以指定某列是否可以不包含值。当一列不包含值时，称为包含空值 NULL。NULL 表示无值，它与字段包含 0、空字符串或仅包含空格是不同的。可以使用一个特殊的 WHERE 子句来检查具有 NULL 值的列，这个子句就是 IS NULL 子句。

【例 7.17】检索 sakila 数据库 adress 表中可选的第二个地址（address2）值为空的所有信息。

在 SQL 编辑器中执行如下语句：

```
SELECT *
FROM address
WHERE address2 IS NULL;
```

执行结果如图 7.21 所示。

address_id	address	address2	district	city_id	postal_code	phone
1	47 MySakila l	(Null)	Alberta	300		
2	28 MySQL Bc	(Null)	QLD	576		
3	23 Workhave	(Null)	Alberta	300		14033335568
4	1411 Lillydale	(Null)	QLD	576		6172235589

SELECT * FROM address WHERE address2 IS NULL;　　查询时间: 0.004s　　第 1 条记录 (共 4 条)

图 7.21　例 7.17 的执行结果

⚠ **注意**：如果将上述代码中的 IS NULL 改成空字符串，则结果会显示地址为空字符串的信息，结果如图 7.22 所示。

```
1 SELECT *
2 FROM address
3 WHERE address2='';
```

address_id	address	address2	district	city_id
5	1913 Hanoi V		Nagasaki	463
6	1121 Loja Av		California	449
7	692 Joliet Str		Attika	38
8	1566 Inegl M		Mandalay	349
9	53 Idfu Parkv		Nantou	361
10	1795 Santiag		Texas	295

1 Col Selected　　查询时间: 0.002s　　第 1 条记录 (共 599 条)

图 7.22　address2 值为空字符串的执行结果

7.1.10 排序

在之前的查询示例中，大多数查询结果都按照字母顺序输出。然而，这种输出顺序是偶然的，如果在查询中未明确指定排序顺序，MySQL 会根据以下因素决定数据的输出顺序。

微课：排序

（1）表的物理存储顺序：MySQL 可能会按照数据在硬盘上的物理存储顺序返回结果。

（2）索引顺序：如果查询使用了索引，结果可能会按照索引的顺序返回。

（3）查询优化器的选择：MySQL 的查询优化器可能会根据当前的系统状态和查询类型选择最高效的数据获取方式，这也会影响输出顺序。

（4）表的类型：不同的存储引擎（如 InnoDB 或 MyISAM）可能会以不同的方式组织和检索数据。

需要强调的是，根据关系数据库设计理论，如果查询中没有明确规定排序顺序（例如使用 ORDER BY 子句），那么就不应假设检索出的数据具有任何特定的顺序。数据的输出顺序可能会因 MySQL 版本、配置更改或数据的插入 / 更新方式而发生变化。

因此，如果需要数据按照特定顺序输出，则务必在查询中使用 ORDER BY 子句明确指定排序规则。这样可以确保查询结果的顺序是可预测和一致的。

那么，如何使用 ORDER BY 子句来控制数据的排序呢？一起来深入了解一下：

ORDER BY 子句用于定义返回数据的排序顺序，放在 SELECT 语句的结尾。ORDER BY 子句可以按照 FROM 子句的表中任意列或多列来定义输出顺序，其中关键字 ASC 或 ASCEND 表示升序，DESC 或 DESCEND 表示降序。

【例 7.18】检索 market 数据库 product 表中商品的 ID（productid）、名称（productname）和价格（price）信息，结果按照价格（price）升序排列。

在 SQL 编辑器中执行如下语句：

```
SELECT productid, productname, price
FROM product
ORDER BY price ASC;
```

执行结果如图 7.23 所示。

如果将关键字 ASC 换成 DESC，则结果会按照价格降序排列，如图 7.24 所示。

productid	productname	price
5017	葡萄酒	45
2009	草莓	48
3001	河虾	48
3009	多宝鱼	49
2007	蓝莓	50
5008	矿泉水	52
3006	桂鱼	54
4002	猪蹄	55
3010	甲鱼	56

图 7.23　例 7.18 的执行结果

productid	productname	price
3010	甲鱼	56
4002	猪蹄	55
3006	桂鱼	54
5008	矿泉水	52
2007	蓝莓	50
3009	多宝鱼	49
2009	草莓	48
3001	河虾	48
5017	葡萄酒	45

图 7.24　DESC 应用示例

经常需要按照多个列进行排序。

【例 7.19】检索 market 数据库 product 表中商品的 ID（productid）、名称（productname）、商品类别 ID（sortid）和价格（price）信息，结果先按照商品类别 ID（sortid）升序排序，再按照商品价格（price）降序排序。

在 SQL 编辑器中执行如下语句：

```
SELECT productid, productname, sortid, price
FROM product
ORDER BY sortid, price ASC;
```

执行结果如图 7.25 所示。

微课：聚合函数　微课：分类汇总

productid	productname	sortid	price
1020	内酯豆腐	01	3
1002	冬瓜	01	2
1010	南瓜	01	2
1022	大白菜	01	1
2014	榴莲	02	95
2010	车厘子	02	59
2007	蓝莓	02	50
2009	草莓	02	48

图 7.25　例 7.19 的执行结果

7.1.11　聚合函数与分类汇总

1. 聚合函数

聚合函数是 MySQL 提供的专门函数，用于汇总数据而不用把它们实际检索出来，以便分析和生成报表。MySQL 提供了 5 个聚合函数，如表 7.4 所示。

表 7.4　MySQL 支持的聚合函数

函数	说　明
AVG()	返回某列的平均值
COUNT()	返回某列的行数
MAX()	返回某列的最大值
MIN()	返回某列的最小值
SUM()	返回某列值之和

【例 7.20】统计 market 数据库中 product 表的商品总数。

在 SQL 编辑器中执行如下语句：

```
SELECT COUNT(productid) AS 商品总数
FROM product;
```

图 7.26　例 7.20 的执行结果

执行结果如图 7.26 所示。

【例 7.21】在 market 数据库中，求订购了商品 ID 为 1001 的订单的最高订购数量和最低订购数量。

在 SQL 编辑器中执行如下语句：

```
SELECT MAX(number) AS 最高订购数量 , MIN(number) AS 最低订购数量
FROM orderdetails
WHERE productid = '1001';
```

执行结果如图 7.27 所示。

【例 7.22】在 market 数据库中，求订购了商品 ID 为 1001 的平均订购数量和累计订购数量。

在 SQL 编辑器中执行如下语句：

```
SELECT AVG(number) AS 平均订购数量, SUM(number) AS 累计订购数量
FROM orderdetails
WHERE productid = '1001';
```

执行结果如图 7.28 所示。

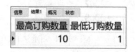

图 7.27 例 7.21 的执行结果　　　图 7.28 例 7.22 的执行结果

2. GROUP BY 子句

GROUP BY 子句是一种用于在 SQL 查询中对结果进行分组的语法。它通常与聚合函数一起使用，以便对每个分组进行汇总计算。

【例 7.23】在 market 数据库中，按照客户 ID（ordercustomerid）对订单进行分组，并计算每个客户的订单数量。

在 SQL 编辑器中执行如下语句：

```
SELECT ordercustomerid AS 客户ID, COUNT(*) AS 订单数量
FROM orders
GROUP BY ordercustomerid;
```

客户ID	订单数量
001	29
002	31
003	27
004	21
005	14
006	16
007	28
008	43
009	18

图 7.29 例 7.23 的执行结果

执行结果如图 7.29 所示。

在使用 GROUP BY 子句时，应注意以下一些规则。

（1）SELECT 列表中的所有列，如果不在聚合函数（如 COUNT()，SUM()，AVG() 等）内，通常应该出现在 GROUP BY 子句中。这是因为 GROUP BY 操作会将多行合并为一行，非聚合列如果不在 GROUP BY 中可能会导致结果不确定。

（2）GROUP BY 子句中的列不必全部出现在 SELECT 列表中，可以根据需要在 GROUP BY 中包含未在 SELECT 中列出的列。

（3）某些 MySQL 版本（特别是在 SQL_MODE 设置为 ONLY_FULL_GROUP_BY 时）可能要求 SELECT 列表中的非聚合列必须出现在 GROUP BY 子句中。

（4）在某些情况下，如果一个列的值被其他 GROUP BY 列唯一确定，那么这个列可以不出现在 GROUP BY 子句中。但这种用法可能影响可读性，并且在不同的 SQL 实现中可能有不同的行为。

（5）使用 GROUP BY 时，最佳实践是确保 SELECT 列表中的每个非聚合列都在

GROUP BY 子句中。这样可以提高查询的清晰度和可移植性。

3. HAVING 子句

以上介绍的查询条件针对指定行进行，如果一行中的列值不在给定值的范围内，那么整个行将被忽略。使用 HAVING 子句可以将查询条件放到分组之后。HAVING 子句仅适用于查询语句中的 GROUP BY 子句后。WHERE 子句应用于每一行，而 HAVING 子句应用于分组之后的统计值。

【例 7.24】 在 market 数据库中，统计订单数量为 20 及以上的客户 ID 和订单数量。

在 SQL 编辑器中执行如下语句：

```
SELECT ordercustomerid AS 客户 ID, COUNT(*) AS 订单数量
FROM orders
GROUP BY ordercustomerid
HAVING 订单数量 >=20
ORDER BY 订单数量;
```

执行结果如图 7.30 所示。

【例 7.25】 在 market 数据库中，统计客户 ID 为偶数且订单数量为 20 及以上的客户 ID 和订单数量，结果按照订单数量升序排序。

在 SQL 编辑器中执行如下语句：

```
SELECT ordercustomerid AS 客户 ID, COUNT(*) AS 订单数量
FROM orders
WHERE ordercustomerid % 2=0
GROUP BY ordercustomerid
HAVING 订单数量 >=20
ORDER BY 订单数量;
```

执行结果如图 7.31 所示。

信息 结果1 概况 状态

客户ID	订单数量
004	21
010	23
003	27
007	28
001	29
002	31
008	43

图 7.30 例 7.24 的执行结果

信息 结果1 概况 状态

客户ID	订单数量
004	21
010	23
002	31
008	43

图 7.31 例 7.25 的执行结果

在这个示例中，使用 WHERE 子句筛选出客户 ID 为偶数的数据，使用 GROUP BY 子句按照客户 ID 对结果进行分组，使用 HAVING 子句中筛选出订单数量大于或等于 20 的分组，使用 ORDER BY 子句按照订单数量进行升序排序。

7.1.12 限制结果

微课：限制结果

为了返回查询结果中的特定行数，可以使用 LIMIT 子句。这样可以限制结果集的大小，使其更加精简和易于处理。

【例 7.26】在 market 数据库的公告 notice 表中，检索前 5 条记录的公告 ID（noticeid）和公告信息（message）。

在 SQL 编辑器中执行如下语句：

```
SELECT noticeid, message
FROM notice
LIMIT 5;
```

执行结果如图 7.32 所示。

LIMIT 5 指示 MySQL 返回不多于 5 行的结果。如果需要查询结果的下一批 5 行，可以指定开始行和行数。

【例 7.27】在 market 数据库的公告 notice 表中，检索从第 6 行开始的 5 行记录的公告 ID（noticeid）和公告信息（message）。

在 SQL 编辑器中执行如下语句：

```
SELECT noticeid, message
FROM notice
LIMIT 5, 5;
```

执行结果如图 7.33 所示。

noticeid	message
01	大鹏一日同风起，扶摇直上九万
02	江汉春风起，冰霜昨夜除。
03	会当凌绝顶，一览众山小。
04	仰天大笑出门去，我辈岂是蓬蒿
05	花间一壶酒，独酌无相亲。举杯

图 7.32　例 7.26 的执行结果

noticeid	message
06	行到水穷处，坐看云起时。
07	人闲桂花落，夜静春山空。
08	春江潮水连海平，海上明月共潮
09	此曲只应天上有，人间能得几回
10	天生我材必有用，千金散尽还复

图 7.33　例 7.27 的执行结果

"LIMIT 5，5" 中的第一个数表示开始位置，第二个数表示要检索的行数。它告诉 MySQL 从第 5 行开始返回 5 行。

⚠ 注意：MySQL 的行编号从 0 开始，因此 "LIMIT 5，5" 将返回第 6 行而不是第 5 行。

当需要检索的行数不足时，LIMIT 子句中指定的行数将是结果集的最大行数。如果行数不够（例如，给出 LIMIT 10，5，但只有 13 行），MySQL 将返回它能够返回的最大行数。

在进行 SELECT 查询时，需要记住两个顺序，即关键字的顺序和 SELECT 语句的执行顺序。

1）关键字的顺序

关键字的排列顺序是固定的，不能颠倒。正确的顺序：SELECT → FROM → WHERE → GROUP BY → HAVING → ORDER BY → LIMIT

其中，SELECT 关键字用于选择要检索的列或表达式，FROM 关键字用于指定要从哪个表中检索数据，WHERE 关键字用于筛选满足条件的数据行，GROUP BY 关键字用于对结果进行分组，HAVING 关键字用于筛选分组后的数据，ORDER BY 关键字用于对结果进行排序，LIMIT 关键字用于限制返回的结果行数。

2）SELECT 语句的执行顺序

SELECT 语句的执行顺序即 SQL 引擎执行 SELECT 查询的具体步骤。执行顺序如下：FROM → WHERE → GROUP BY → HAVING → SELECT → DISTINCT → ORDER BY → LIMIT

任务 7.2 多表查询

微课：多表连接

7.2.1 多表连接

1. 等值连接、非等值连接与自连接

当数据存储在多个表中时，可以创建连接来使用单个 SELECT 语句检索数据。连接是 SELECT 语句中重要的操作之一，它是一种机制，用于在一条 SELECT 语句中关联多个表，因此称为连接。连接的创建非常简单，只需规定要连接的所有表及它们之间的关联方式。

【例 7.28】在 Market 网上菜场系统中，需要获取订单 ID 为 139 的订单详情，如图 7.34 所示。

订单详情					
订单编号： 139					
编号	商品ID	商品名称	商品价格	商品数量	金额
1	1012	土豆	3.0	7	21.0
2	4024	五花肉	42.0	3	126.0
3	5005	茉莉清茶	3.0	3	9.0
4	5006	冰红茶	36.0	2	72.0
5	5014	橙汁	8.0	1	8.0
				合计金额： ￥236.0	
[关闭窗口]					

图 7.34 订单 ID 为 139 的订单详情

在 market 数据库中，orderdetails 表只包含订单 ID（orderid）、商品 ID（productid）和商品数量（number）这三个字段。如果仅查询 orderdetails 表，则无法实现上述功能，这就需要进行多表查询。

在 SQL 编辑器中执行如下语句：

```
SELECT orderid AS"订单ID", orderdetails.productid AS "商品ID",
productname AS "商品名称", price AS "商品价格", number AS "商品数量",
price*number AS "金额"
FROM orderdetails , product
WHERE orderdetails.productid=product.productid AND orderid='139';
```

执行结果如图 7.35 所示。

订单ID	商品ID	商品名称	商品价格	商品数量	金额
139	1012	土豆	3	7	21.00
139	4024	五花肉	42	3	126.00
139	5005	茉莉清茶	3	3	9.00
139	5006	冰红茶	36	2	72.00
139	5014	橙汁	8	1	8.00

图 7.35　例 7.28 的执行结果

如上述 MySQL 语句，FROM 子句中的逗号起到连接两个表的作用。它指示数据库将两个表进行笛卡儿积，即对两个表中的每一行进行组合。在 WHERE 子句中，通过条件 orderdetails.productid＝product.productid 来筛选出匹配的行，从而得到连接后的结果，这里需要使用完全限定的列名，因为如果只使用 productId，MySQL 不知道指的是哪个表中的 productid（每个表中都有一个）。

上述使用 WHERE 子句和 "＝" 进行的连接查询称为等值连接。如果没有 WHERE 子句，第一个表中的每一行将与第二个表中的每一行进行配对，而不考虑它们在逻辑上是否匹配。

在进行多表连接查询时，使用别名可以简化查询，使用表名前缀可以提高查询效率。例 7.28 的实现可以改写成以下 SQL 语句：

```
SELECT a.orderid AS "订单ID", a.productid AS "商品ID",
b.productname AS "商品名称", b.price AS "商品价格", a.number AS "商品数量",
b.price*a.number AS "金额"
FROM orderdetails a , product b
WHERE a.productid=b.productId AND a.orderid='139';
```

⚠ **注意**：如果使用表的别名，在查询字段和过滤条件中只能使用别名，不能使用原始的表名，否则会报错。对于查询记录、更新记录、删除记录时涉及多个表的操作列，如果没有限定表的别名（或表名），并且操作列在多个表中存在时，会引发异常。

如果使用其他比较运算符代替 "＝"，则称为非等值连接。下面来看一个非等值连接的应用。

【例 7.29】在 market 数据库中，检索所有比草莓价格高的水果的商品 ID（productid）、名称（productname）和价格（price）信息。

在 SQL 编辑器中执行如下语句：

```
SELECT b.productid AS "商品 ID", b.productname AS "商品名称",
b.price AS "商品价格"
FROM product a, product b
WHERE a.productname = '草莓' AND b.sortid = '02' AND b.price > a.price;
```

执行结果如图 7.36 所示。

这个查询需要的两个表实际上是同一个表，因此 product 表在 FROM 子句中出现了两次。尽管这是合法的，但对 product 的引用是模棱两可的，因为 MySQL 不清楚引用的是 product 表的哪个实例。为解决此问题，使用了表别名，通过取别名将同一张表虚拟成两张表，以代表不同的含义，这种查询称为自连接。

此外，这里的 WHERE 子句连接方式不再是等于，而是大于，这属于非等值连接。

2. 笛卡儿积

笛卡儿积是一个数学运算。假设有两个集合 X 和 Y，那么 X 和 Y 的笛卡儿积就是 X 和 Y 的所有可能组合，也就是从第一个集合中取一个元素，再从第二个集合中取一个元素，组成所有可能的组合。组合的个数即为两个集合中元素个数的乘积。图 7.37 是一个笛卡儿积的演示，三个表进行交叉连接的 SQL 代码如下：

```
SELECT *
FROM A CROSS JOIN B CORSS JOIN C
ORDER BY a1,b1,c1;
```

在 SQL92 中，笛卡儿积也称为交叉连接，使用 CROSS JOIN 来表示。在 SQL99 中也是使用 CROSS JOIN 来表示交叉连接。它的作用是将任意两个表进行连接，即使这两个表没有相关性。为了避免出现笛卡儿积，可以在 WHERE 子句中加入有效的连接条件。

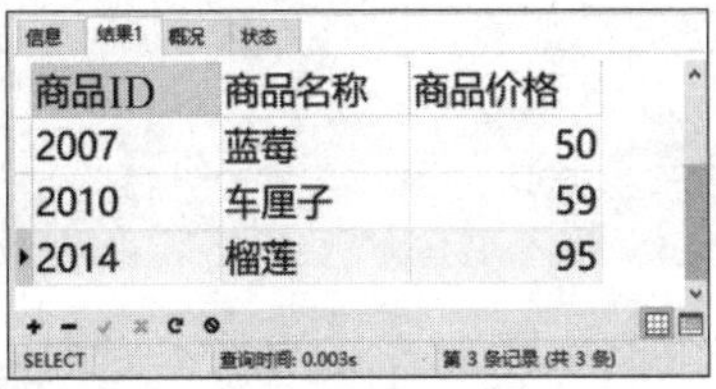

商品ID	商品名称	商品价格
2007	蓝莓	50
2010	车厘子	59
2014	榴莲	95

图 7.36　例 7.29 的执行结果

A表

a1	a2
a	aa
b	bb

B表

b1	b2
1	11
2	22

笛卡儿积

a	aa	1	11
a	aa	2	22
b	bb	1	11
b	bb	2	22

C表

c1	c2
学	学学
习	习习

笛卡儿积

a	aa	1	11	学	学学
a	aa	1	11	习	习习
a	aa	2	22	学	学学
a	aa	2	22	习	习习
b	bb	1	11	学	学学
b	bb	1	11	习	习习
b	bb	2	22	学	学学
b	bb	2	22	习	习习

图 7.37　笛卡儿积的演示

7.2.2 创建内连接（INNER JOIN）

JOIN 指的是连接，它将来自两个表的信息放置在一个结果集中。JOIN 语句正确地将来自两个表的信息组合在一起的关键，在于指定如何匹配数据。因此，有四种不同的连接方式。所有连接方式的共同点是根据一条或多条相同的字段将记录进行匹配，并生成一个合并了两个表的超集。连接包括以下四种形式的 JOIN 子句。

（1）内连接：根据两个表中的相同字段将记录匹配在一起，然后返回匹配成功的记录。

（2）外连接：分为左外连接和右外连接，它们可以将两个表连接在一起，不管它们是否有匹配的记录。

（3）完全连接：它是内连接和外连接的结合体，会返回两个表中的所有记录，不管它们是否有匹配的记录。

⚠ **注意**：MySQL 不支持完全外连接的原生语法。

（4）交叉连接：前面已经介绍过，它的连接逻辑类似于集合的笛卡儿积，将一个表的每一行与另一个表的每一行进行组合，生成一个新的结果集。

内连接是连接类型中最常见的一种。与大多数连接一样，内连接根据一个或多个相同的字段将记录进行匹配，但内连接只返回那些存在匹配字段的记录。之前学习的等值连接就是基于两个表之间的相等条件进行连接的。内连接的语法结构如下：

```
SELECT 字段列表
FROM A 表 INNER JOIN B 表
ON 连接条件
WHERE 其他条件；
```

上述语句中的 SELECT 与之前的 SELECT 语句相同，但 FROM 子句不同。在这里，表之间的关系是 FROM 子句的一部分，并使用 INNER JOIN 进行指定。使用这种语法时，连接条件使用特定的 ON 子句而不是 WHERE 子句给出。传递给 ON 的实际条件与传递给 WHERE 的条件相同。

例 7.28 给出了如何获取订单 ID 为 139 的订单详情，如果使用内连接，在 SQL 编辑器中执行如下语句：

```
USE market
SELECT a.orderid AS" 订单ID", a.productid AS "商品ID",
b.productname AS "商品名称", b.price AS "商品价格",
a.number AS "商品数量", b.price*a.number AS "金额"
FROM orderdetails a INNER JOIN product b
ON a.productid=b.productid
WHERE a.orderId='139';
```

SQL 对一条 SELECT 语句可以连接的表的数量没有限制。创建连接的基本规则也相同；首先列出所有表，然后定义表之间的关系。连接 n 个表时，至少需要 $n-1$ 个连接条件。例如，连接四个表，至少需要三个连接条件。

【例 7.30】检索 sakila 数据库中名（first_name）为 PATRICIA 的顾客租赁过的所有影片名称信息。

在 SQL 编辑器中执行如下语句：

```
SELECT d.title
FROM customer a INNER JOIN rental b
ON a.customer_id = b.customer_id
INNER JOIN inventory c
ON b.inventory_id = c.inventory_id
INNER JOIN film d
ON c.film_id = d.film_id
WHERE a.first_name = 'PATRICIA';
```

图 7.38　例 7.30 的执行结果

执行结果如图 7.38 所示。

7.2.3　创建外连接（OUTER JOIN）

微课：创建
外连接

内连接实际上是排他的，它只返回在两个表中都存在的记录（左边的第一个表和右边的第二个表）。但有时候，需要包含那些没有关联行的行。例如，可能需要使用连接来完成以下检索任务。

（1）对于 market 数据库，计算每个客户下了多少订单，包括那些至今尚未下订单的客户。

（2）对于 market 数据库，列出所有产品及订购数量，包括没有人订购的产品。

在上述任务中，连接需要包含那些在相关表中没有关联行的行，这种连接称为外连接。连接有左侧和右侧的概念。第一个被引用的表称为左侧表，而第二个被引用的表则称为右侧表。在内连接中很容易理解这个概念，因为左右两侧的匹配条件是相等的。然而，在使用外连接时，左侧和右侧的理解非常重要，因为通常无法明确区分左右两侧，使用外连接时可能会出错。

1. 左外连接（LEFT OUTER JOIN）

左外连接语法结构如下：

```
SELECT 字段列表
FROM A 表 LEFT JOIN B 表
ON 连接条件
WHERE 其他条件；
```

【例 7.31】对于 market 数据库，计算每个客户下了多少订单，包括那些至今尚未下订单的客户。

如果使用内连接，在 SQL 编辑器中执行如下语句：

```
SELECT a.id AS "客户 ID", a.name AS "客户姓名",COUNT(b.orderid) AS"订单数"
FROM customer a INNER JOIN orders b
ON a.id = b.ordercustomerid
```

```
GROUP BY a.id
ORDER BY COUNT(b.orderid) ASC;
```

客户ID	客户姓名	订单数
005	韩愈	14
006	柳宗元	16
009	孟浩然	18
004	杜牧	21
010	贺知章	23
003	岑参	27
007	刘禹锡	28

图 7.39　例 7.31 使用内连接的执行结果

执行结果如图 7.39 所示。

为了使检索结果更易理解，加入了按照订单数升序排列。在客户表中共有 26 位客户，使用内连接后，统计结果只有 10 位下过订单的客户记录，最少的订单数为 14，显然不满足"包括那些至今尚未下订单的客户"的要求。

下面试一试左外连接。在 SQL 编辑器中执行以下语句：

```
SELECT a.id AS" 客户 ID", a.name AS " 客户姓名",COUNT(b.orderid) AS " 订单数 "
FROM customer a LEFT JOIN orders b
ON a.id = b.ordercustomerid
GROUP BY a.id
ORDER BY 订单数 ;
```

执行结果包括了 26 个客户的订单数，包括那些至今尚未下订单的客户，如图 7.40 所示。

2. 右外连接（RIGHT OUTER JOIN）

右外连接语法结构如下：

```
SELECT 字段列表
FROM A 表 RIGHT JOIN B 表
ON 连接条件
WHERE 其他条件 ;
```

与左外连接不同的是，在右外连接中，右侧的表 B 作为主表，连接中没有关联行的行也会显示出来。

【例 7.32】针对 market 数据库，列出所有商品 ID、名称及订购数量，包括没有人订购的产品。

在 SQL 编辑器中执行如下语句：

```
SELECT p.productid AS" 商品 ID", p.productname AS " 商品名称 ",
SUM(od.number) AS " 订购数量 "
FROM orderdetails od RIGHT JOIN product p
ON od.productid = p.productid
GROUP BY p.productid
ORDER BY 订购数量 ;
```

执行结果如图 7.41 所示。

信息	结果1	概况	状态
客户ID	客户姓名	订单数	
▶008	曹操	43	
002	骆宾王	31	
001	陈子昂	29	
007	刘禹锡	28	
003	岑参	27	
010	贺知章	23	
004	杜牧	21	
009	孟浩然	18	
006	柳宗元	16	
005	韩愈	14	
011	王昌龄	0	
012	李商隐	0	
013	王安石	0	
014	陆游	0	
015	苏洵	0	

图 7.40 例 7.31 使用外连接的执行结果

信息	结果1	概况	状态
商品ID	商品名称	订购数量	
▶4012	鸭	24	
1009	青椒	26	
4003	猪肚	28	
4019	皮蛋	32	
2006	猕猴桃	32	
1015	茨菇	37	
2015	山楂	42	
4006	鸡中翅	46	
3016	鱿鱼须	46	
4009	肥牛卷	46	
4014	鸡	47	
4024	五花肉	48	

图 7.41 例 7.32 的执行结果

任务 7.3 使用子查询

微课：使用子查询

7.3.1 子查询的基本使用

子查询是一种嵌套在另一个查询语句内部的查询，可以从结果集中获取数据，或者从同一个表中计算出一个数据结果，然后与该结果进行比较。子查询的使用大大增强了 SELECT 查询的能力。

【例 7.33】在 market 数据库中，列出购买过"猕猴桃"的所有客户 ID 和姓名。

可以按照以下步骤来实现上述要求。

（1）检索出商品"猕猴桃"的商品 ID。

```
SELECT productid
FROM product
WHERE productname =' 猕猴桃 ';
```

执行结果如图 7.42 所示。

（2）检索出订单详细表中出现"猕猴桃"商品 ID 的所有订单 ID。

```
SELECT orderid
FROM orderdetails
WHERE productid='2006';
```

执行结果如图 7.43 所示。

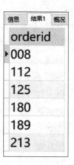

图 7.42　例 7.33 步骤（1）的执行结果　　　　图 7.43　例 7.33 步骤（2）的执行结果

（3）检索包含步骤（2）列出的订单 ID 所对应的客户 ID。

```
SELECT DISTINCT ordercustomerid
FROM orders
WHERE orderid IN ('008','112','125','180','189','213');
```

执行结果如图 7.44 所示。

（4）检索步骤（3）返回的所有客户 ID 所对应的客户 ID 和姓名。

```
SELECT id AS"客户 ID" , name AS "客户姓名"
FROM customer
WHERE id IN ('008','009','002','010','005');
```

执行结果如图 7.45 所示。

上述每个步骤可以作为一个单独的查询执行，也可以使用子查询将这四个查询组合成一条语句。

使用子查询的 SQL 代码如下：

图 7.44　例 7.33 步骤（3）的执行结果　　　　图 7.45　例 7.33 步骤（4）的执行结果

```
SELECT id AS "客户 ID", name AS "客户姓名"
FROM customer
WHERE id IN
  (SELECT DISTINCT ordercustomerid
  FROM orders
  WHERE orderid IN
    (SELECT orderid
    FROM orderdetails
    WHERE productid =
      (SELECT productid
```

```
        FROM product
        WHERE productname =' 猕猴桃 ')));
```

使用子查询的结果和之前分步执行的 SELECT 查询是一样的。

⚠️ **注意**:

① 子查询需要包含在括号内;

② 子查询放在比较条件的右侧;

③ 单行操作符对应单行子查询,多行操作符对应多行子查询。

7.3.2 子查询的分类

根据内查询的结果返回一条还是多条记录,子查询可以分为单行子查询和多行子查询。单行子查询可以使用诸如 "=" ">" ">=" "!=" "<" "<=" 等比较运算符。而多行子查询也被称为集合比较子查询,因为它返回多行结果,需要使用多行比较操作符。

【例 7.34】检索 market 数据库 product 表中商品价格(price)大于商品 ID(productid)为 4018 的商品的商品 ID(productid)、名称(productname)和价格(price)信息。

在 SQL 编辑器中执行如下语句:

```
SELECT productid, productname, price
FROM product
WHERE price >
  (SELECT price
  FROM product
  WHERE productid ='4018');
```

执行结果如图 7.46 所示。

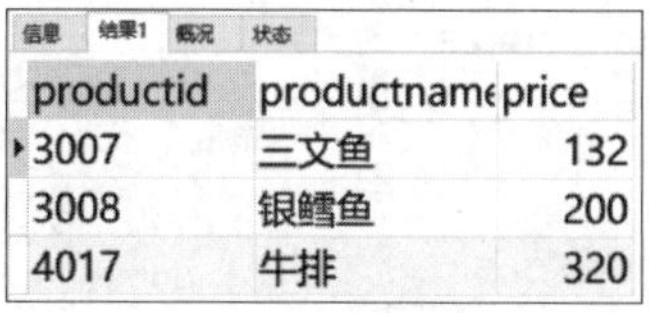

信息	结果1	概况	状态

productid	productname	price
3007	三文鱼	132
3008	银鳕鱼	200
4017	牛排	320

图 7.46 例 7.34 的执行结果

多行比较操作符常用的有 IN、ANY、ALL 和 SOME。这些操作符的含义如表 7.5 所示。

表 7.5 MySQL 常用的多行比较操作符

操作符	含 义
IN	等于列表中的任意一个值
ANY	需要与单行比较操作符一起使用,与子查询返回的任意一个值进行比较
ALL	需要与单行比较操作符一起使用,与子查询返回的所有值进行比较
SOME	实际上是 ANY 的别名,作用相同,一般常使用 ANY

【例 7.35】检索 market 数据库 product 表中商品价格(price)低于类别 ID(sortid)为 05 的商品的任一价格的所有其他商品的商品 ID(productid)、商品类别 ID(sortid)、商品

名称（productname）和价格（price）。

在 SQL 编辑器中执行如下语句：

```sql
SELECT productid, sortid, productname, price
FROM product
WHERE price < ANY
   (SELECT price
    FROM product
    WHERE sortid ='05')
AND sortid != '05';
```

执行结果如图 7.47 所示。

【例 7.36】检索 market 数据库 product 表中，商品价格（price）低于类别 ID（sortid）为 05 的商品的所有价格的所有其他商品的商品 ID（productid）、商品类别 ID（sortid）、商品名称（productname）和价格（price）。

在 SQL 编辑器中执行如下语句：

```sql
SELECT productid, sortid, productname, price
FROM product
WHERE price < ALL
   (SELECT price
    FROM product
    WHERE sortid ='05')
AND sortid != '05';
```

执行结果如图 7.48 所示。

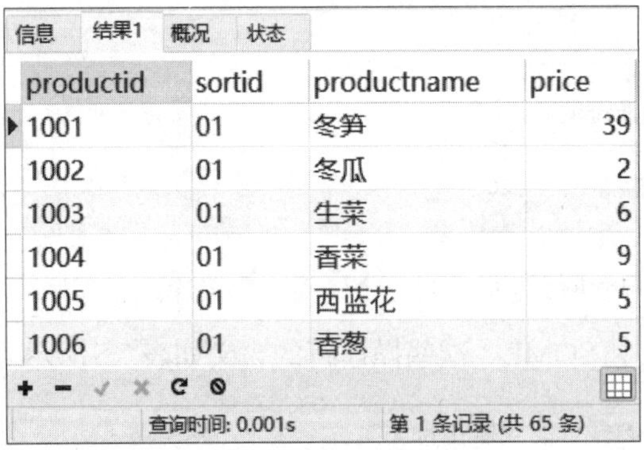

productid	sortid	productname	price
1001	01	冬笋	39
1002	01	冬瓜	2
1003	01	生菜	6
1004	01	香菜	9
1005	01	西蓝花	5
1006	01	香葱	5

查询时间: 0.001s 第 1 条记录（共 65 条）

图 7.47 例 7.35 的执行结果

productid	sortid	productname	price
1002	01	冬瓜	2
1010	01	南瓜	2
1022	01	大白菜	1

查询时间: 0.000s 第 1 条记录（共 3 条）

图 7.48 例 7.36 的执行结果

7.3.3 EXISTS 与 NOT EXISTS 关键字

子查询经常与 EXISTS 操作符一起使用，用于检查子查询中是否存在满足条件的行。如果在子查询中存在满足条件的行，那么 EXISTS 条件立即返回 TRUE，不会在子查询中继续查找；反之，EXISTS 条件返回 FALSE。

【**例 7.37**】检索 market 数据库 productsort 表中，不在 product 表中的商品类别 ID（sortid）和类别名称（sortname）。

在 SQL 编辑器中执行如下语句：

```
-- 添加测试数据
INSERT INTO productsort VALUES('06','夏季冰饮专区');
INSERT INTO productsort VALUES('07','新年礼品专区');
INSERT INTO productsort VALUES('08','坚果零食专区');
-- 执行检索
SELECT sortid, sortname
FROM productsort a
WHERE NOT EXISTS
   (SELECT *
   FROM product
   WHERE sortid=a.sortid);
```

执行结果如图 7.49 所示。

有些查询可以使用子查询，也可以使用自连接。一般情况下建议使用自连接，因为在许多 DBMS 的处理过程中，对自连接的处理速度比子查询快得多。可以这样理解：子查询实际上是通过未知表进行查询后的条件判断，而自连接是通过已知的自身数据表进行条件判断，因此在大部分 DBMS 中都对自连接处理进行了优化。通过优化查询的方式，可以提高查询的效率，减少查询的执行时间。

信息	结果1	概况	状态
sortid	sortname		
▶ 08	坚果零食专区		
06	夏季冰饮专区		
07	新年礼品专区		

SELEC引: 0.001 第 1 条记录（共 3 条）

图 7.49　例 7.37 的执行结果

◆ 项目任务单 ◆

在本项目中，我们深入探讨了数据库查询的核心概念和流程，包括单表查询和多表查询。在单表查询中，我们学习了如何使用 SELECT 语句、FROM 子句、WHERE 子句、ORDER BY 子句、GROUP BY 子句和 HAVING 子句来构建查询，以及如何通过这些子句进行数据检索和分析。在多表查询部分，我们了解了如何使用等值连接、非等值连接、自连接、内连接、外连接、子查询等方法从多个表中提取数据及分析数据。此外，我们还探讨了如何通过优化这些查询技术来提高数据处理的效率。为了检验读者对数据库查询概念的理解和掌握程度，请完成以下任务。

1. 请写出 SELECT 语句的整体基本语法结构，并说说它的执行顺序。

_____

_____

2. 列举并解释在进行单表查询时，如何使用 WHERE 子句、ORDER BY 子句、GROUP BY 子句和 HAVING 子句进行数据筛选和排序。

_____

_____

3. 在进行多表查询时，如何有效地使用表连接来提升查询性能？请讨论不同类型的表连接（如内连接、外连接、自连接等）在不同情况下的应用和优势。

<hr>
<hr>

◆ 拓 展 任 务 ◆

探究达梦数据库的基本使用及数据查询方法

（1）学习模块：请观看并学习提供的微课视频内容，重点掌握"探究达梦数据库"的基础知识模块。确保理解达梦数据库的安装流程、基本操作和界面布局。

环境准备：根据微课指导，完成达梦数据库的安装，并配置好初步的使用环境。

（2）数据迁移：虽然本项目不涉及复杂的数据库迁移技术，但为了加深对达梦数据库操作的实践理解，将采用简单的数据迁移练习。

- 导出 MySQL 中熟悉的 market 数据库表结构和数据，可以使用如 mysqldump 工具导出所需表格或整个数据库为 SQL 文件；
- 在达梦数据库中创建新库，并将导出的 SQL 文件中包含的表结构和数据导入这个新库中。注意调整 SQL 语法以适配达梦数据库。

（3）实践查询：在成功迁移 market 数据库至达梦数据库后，执行一系列查询操作来熟悉在新环境下处理数据：

- 执行基础查询，如选取特定商品信息、客户信息等；
- 运用排序、分组、聚合函数等进行更高级别查询；

（4）分析与报告：在实际操作过程中记录下任何发现或问题，并尝试找到解决方案。最后形成一份简要报告，总结以下内容：

- 安装与配置过程中遇到的主要挑战及其解决方法；
- 数据迁移过程及遇到问题与调整策略；
- 查询效率和精度提升策略及其效果评估；
- 对达梦数据库操作和查询技巧的感想和体会。

此拓展任务旨在通过动手操作加深读者对达梦数据库基本功能和数据查询理论知识点的理解，并能够将这些知识应用于具体场景中。

项目 8

视图和索引

 项目目标

- 理解视图（View）的概念，以及如何在 MySQL 中创建和管理视图；
- 掌握如何使用视图简化复杂查询、保护数据，以及提高数据安全性；
- 学会创建和使用索引（Index）来提升查询性能；
- 能够识别何时以及如何合理地使用视图和索引来优化数据库性能和查询效率。

 项目描述

　　视图是基于 SQL 查询的虚拟表格，它能够提供一种抽象层，使用户能够以更直观的方式处理复杂的数据集。视图不仅能够帮助组织数据并简化查询，还可以作为一种安全机制来限制对特定数据的访问。

　　索引是数据库中用于加速数据检索速度的一种特殊的数据结构。一个合理的索引策略能够显著提高查询的响应时间，并降低数据库的整体负载。了解索引的构造和适用场景对于数据库优化和管理至关重要。

　　在本项目中，我们将探讨视图和索引的内部机制，学习如何有效地创建和使用它们。通过实际案例，读者将学会如何在实际工作中设计视图来组织复杂查询，并创建索引来优化大型数据集的检索效率，成为高效能的 MySQL 数据库开发者。

任务 8.1　创建和使用视图

微课：创建
和使用视图

8.1.1　认识视图

　　视图是虚拟的表，是 SQL 的一个重要概念。与包含数据的实际表不同，视图只包含使用时动态检索数据的查询。它的核心实际上仅仅是一个存储的查询，占用极少的内存空间。

视图可以帮助用户集中关注表的某些部分，而不是整个表，并且可以为不同的用户定制特定的查询视图。例如，在 Market 网上菜场系统中，视图的应用场景可能包括如下三个方面。

（1）客户视图：用于显示商品信息，包括商品名称、价格和描述，但是隐藏了库存量和成本信息，以保护商业机密。

（2）管理员视图：用于显示订单状态、客户反馈及库存水平等信息，以帮助管理员进行日常管理和决策支持。

（3）供应商视图：专为供应商定制，显示他们提供的商品的销售情况，但不显示其他供应商的商品数据。

这些只是视图在 Market 网上菜场系统数据库中的部分使用场景。实际上，视图可以在多种不同情况下起到简化数据库设计、保护数据安全及提升查询性能等多方面的作用。

8.1.2 视图的特点

视图建立在现有表，即基表之上。视图所依赖的这些基表决定了视图可以展示的数据。视图与基表间的关系是虚拟和实际的映射，如图 8.1 所示。

图 8.1　视图与基表的关系

创建和删除视图的操作只影响视图本身，不会影响基表。然而，对视图进行的增加、删除和修改操作可能会传递到基表中的数据，视图的更新能力取决于其定义和基表的约束。

在小型项目的数据库设计中，可以不使用视图。但是在大型项目，特别是那些具有复杂数据表关系的项目中，视图的价值就显而易见。它可以有效地组织频繁查询的结果集，形成虚拟表，以此提升查询效率和数据管理的便利性。对于数据库用户来说，理解和操作视图都是简单直接的。

8.1.3 创建视图

创建视图的完整 SQL 语法如下：

```
CREATE [OR REPLACE]
[ALGORITHM = {UNDEFINED | MERGE | TEMPTABLE}]
VIEW 视图名称 [(字段列表)]
AS 查询语句
[WITH [CASCADED|LOCAL] CHECK OPTION]
```

最基本的形式可以简化如下：

```
CREATE VIEW 视图名称
```

```
AS
< SELECT 语句 >
```

1. 创建简单视图

【例 8.1】在 market 数据库中，创建一个名为 customerproduct_vw 的视图，用于向客户展示商品信息，其中包含商品名称、价格和描述。

在 SQL 编辑器中执行如下语句：

```
CREATE VIEW customerproduct_vw
AS
SELECT productname, price, description
FROM product;
```

尝试运行以下两个查询，并对比它们的结果。

```
SELECT productname, price, description
FROM product;
SELECT productname, price, description
FROM customerproduct_vw;
```

两者得到的结果将非常相似——事实上，对于共有的列，两个结果集将是相同的。视图并未真实地存储数据，它提供的是对原始数据的特定视角。视图的好处在于它降低了终端用户的复杂性；劣势是它在请求的数据和所返回的数据之间增加了一层系统开销。视图提供数据的过滤，对用户来说是安全且简化了数据的访问。

⚠ **注意**：如果在创建视图时未在视图名后指定字段列表，则视图中的字段列表默认与 SELECT 语句中的字段列表一致。如果 SELECT 语句中为字段指定了别名，那么视图中的字段名将与这些别名相同。

2. 创建多表联合视图

【例 8.2】在 market 数据库中，创建一个名为 vegeproductsales_vw 的视图，展示蔬菜类商品的销售信息，包括商品 ID、商品名称和销售量。

在 SQL 编辑器中执行如下语句：

```
CREATE VIEW vegeproductsales_vw
AS
SELECT a.productId AS 商品 ID, a.productName AS 商品名称 , SUM(c.number)
AS 销售量
FROM product a INNER JOIN productsort b INNER JOIN orderdetails c
ON a.sortid = b.sortid AND a.productid = c.productid
WHERE b.sortname LIKE '% 蔬菜 %'
GROUP BY a.productid
ORDER BY 销售量 DESC;
```

用户无须深入了解如何执行三表连接操作——这是视图隐藏的细节。用户只需运用基本的查询技巧即可完成任务。

【例 8.3】查询蔬菜供应商视图 vegeproductsales_vw，检索销售量超过 100 的所有商品的销售状况。

在 SQL 编辑器中执行如下语句：

```
SELECT *
FROM vegeproductsales_vw
WHERE 销售量 > 100;
```

执行结果如图 8.2 所示。

信息 | 结果1 | 概况 | 状态

商品ID	商品名称	销售量
1017	韭菜	126
1002	冬瓜	125
1019	茄子	120
1001	冬笋	108

图 8.2　例 8.3 的执行结果

8.1.4 查看视图

（1）查看视图结构的语法如下：

```
DESC / DESCRIBE 视图名称；
```

【例 8.4】查看 market 数据库中 customerproduct_vw 视图的结构信息。

在 SQL 编辑器中执行如下语句：

```
DESC customerproduct_vw;
```

执行结果如图 8.3 所示。

信息 | 结果1 | 概况 | 状态

Field	Type	Null	Key	Default	Extra
productname	varchar(30)	NO		(Null)	
price	float(10,2)	NO		(Null)	
description	varchar(2000)	YES		(Null)	

图 8.3　例 8.4 的执行结果

（2）查看视图属性的语法如下：

```
SHOW TABLE STATUS LIKE '视图名称';
```

【例 8.5】查看 market 数据库中 customerproduct_vw 视图的属性信息。

在命令行中执行以下语句：

```
SHOW TABLE STATUS LIKE 'customerproduct_vw' \G;
```

执行结果如图 8.4 所示。

```
mysql> SHOW TABLE STATUS LIKE 'customerproduct_vw'\G;
*************************** 1. row ***************************
           Name: customerproduct_vw
         Engine: NULL
        Version: NULL
     Row_format: NULL
           Rows: NULL
 Avg_row_length: NULL
    Data_length: NULL
Max_data_length: NULL
   Index_length: NULL
      Data_free: NULL
 Auto_increment: NULL
    Create_time: 2023-12-09 19:29:31
    Update_time: NULL
     Check_time: NULL
      Collation: NULL
       Checksum: NULL
 Create_options: NULL
        Comment: VIEW
1 row in set (0.00 sec)
```

图 8.4 例 8.5 的执行结果

（3）查看视图详细定义的语法如下：

```
SHOW CREATE VIEW 视图名称；
```

【例 8.6】查看 market 数据库中 customerproduct_vw 视图的详细定义信息。

在命令行中执行以下语句：

```
SHOW CREATE VIEW customerproduct_vw \G;
```

执行结果如图 8.5 所示。

```
mysql> SHOW CREATE VIEW customerproduct_vw \G;
*************************** 1. row ***************************
           View: customerproduct_vw
    Create View: CREATE ALGORITHM=UNDEFINED DEFINER=`root`@`localhost` SQL SECURITY
DEFINER VIEW `customerproduct_vw` AS select `product`.`productName` AS
`productname`,`product`.`price` AS `price`,`product`.`description` AS `description` from
`product`
character_set_client: utf8
collation_connection: utf8_general_ci
1 row in set (0.01 sec)
```

图 8.5 例 8.6 的执行结果

8.1.5 更新视图的数据

1. 一般情况

MySQL 允许使用 INSERT、UPDATE 和 DELETE 语句来操作视图中的数据。当视图中的数据发生变化时，相应的基表数据也会同步变动。

【例 8.7】对 market 数据库中的 customerproduct_vw 视图执行一个 UPDATE 操作，修改商品名称为"冬笋"的商品的价格为 39 元。

在 SQL 编辑器中执行如下语句：

```
UPDATE customerproduct_vw
SET price =39
WHERE productname= '冬笋';
```

执行后，查看商品名称为"冬笋"的商品的价格信息，结果如图 8.6 所示。

信息	结果1	概况	状态		
productname		price		description	
▶ 冬笋		39		500g 冬笋产地今年较干旱 个头略微偏小 但肉质脆嫩如切	

图 8.6 对视图执行 UPDATE 操作演示

⚠️ **注意**：尽管可以通过视图更新数据，但通常视图主要用于简化查询。频繁的数据更新操作更适合在基表上执行，因为这些操作实际上是通过对底层数据表的更改来实现的。

2. 不可更新的视图

视图的可更新性需要满足一定条件。若视图中的行与基本表中的行不能保持一对一的关系，则该视图无法更新。下面是一些可能导致视图不可更新的情况。

（1）如果视图定义时使用了 ALGORITHM = TEMPTABLE，则该视图不支持 INSERT 和 DELETE 操作。

（2）视图未包含基表中定义为非空（NOT NULL）且没有默认值的列，导致无法执行 INSERT 操作。

（3）视图定义的 SELECT 语句中包含了 JOIN 联合查询，可能导致无法执行 INSERT 和 DELETE 操作。

（4）视图中的字段列表使用了数学表达式或子查询，会影响视图的 INSERT 操作，并且可能阻止 UPDATE 操作。

（5）视图中使用了 DISTINCT、聚合函数、GROUP BY、HAVING、UNION 等 SQL 语句，可能导致视图无法进行 INSERT、UPDATE、DELETE 操作。

（6）视图定义的 SELECT 语句中包含了子查询，且子查询引用了 FROM 子句中的表，会使视图不可进行 INSERT、UPDATE、DELETE 操作。

（7）视图基于另一个不可更新的视图。

（8）常量视图，即只包含常量值的视图。

8.1.6 修改、删除视图

1. 修改视图

修改视图有两种方法：使用 CREATE OR REPLACE VIEW 来替换现有的视图，或者使用 ALTER VIEW 来修改视图定义。

```
ALTER VIEW 视图名称
AS
< SELECT 语句 >
```

【例 8.8】在 market 数据库中，修改 customerproduct_vw 的视图，用于向客户展示商品信息，其中包含商品名称、价格、描述和图片。

在 SQL 编辑器中执行如下语句：

```
ALTER VIEW customerproduct_vw
AS
SELECT productname, price, description, image
FROM product;
```

2. 删除视图

删除视图将移除视图定义，但不会影响基表中的数据。删除视图的 SQL 语法如下：

```
DROP VIEW [IF EXISTS] 视图名称；
```

【例 8.9】删除 market 数据库中的 customerproduct_vw 视图。

在 SQL 编辑器中执行如下语句：

```
DROP VIEW customerproduct_vw;
```

在使用 MySQL 数据库时，视图能简化数据查询和限制数据访问，但它们的使用需要谨慎。应避免过多依赖视图，特别是避免在一个视图之上叠加更多视图，因为这会增加查询复杂度并可能降低性能。同时，视图的过多使用会导致维护困难，因此在创建视图时必须考虑到它们对系统性能的影响，以及与项目需求的契合度。

任务 8.2　创建和使用索引

微课：认识索引

8.2.1　认识索引

1. 索引的基本概念

索引是数据库管理系统中用于加快数据检索速度的一种数据结构，类似于图书的目录，帮助人们快速找到所需的信息。在 MySQL 中，B+ 树索引是一种常见的结构，其设计对于数据的快速检索非常有效。鉴于本书的重点是 MySQL 基础，故不做深入的技术分析。

2. 索引的作用

（1）提高数据检索效率：不使用索引时，MySQL 需要执行全表扫描，即逐行检查直到找到符合条件的记录，随着数据量的增长，这种方法效率极低。索引使得数据检索变得更快，尤其是在数据量大的表中，其性能提升可达数百上千倍。

（2）排序和快速定位数据：索引按照特定的顺序存储数据指针，这些指针引导查询快速定位表中的数据行。

3. 索引的分类

（1）普通索引（INDEX）：基本的索引类型，没有唯一性限制。可以通过 CREATE INDEX 命令来创建。

（2）唯一性索引（UNIQUE）：与普通索引相似，但必须保证索引列中的所有值唯一。这类索引可通过 CREATE UNIQUE INDEX 命令创建。

（3）主键索引（PRIMARY KEY）：特殊的唯一性索引，不允许为空值，并且一个表只能定义一个主键。

（4）全文索引（FULLTEXT）：适用于支持全文搜索的情况，它允许在 CHAR、VARCHAR 或 TEXT 类型的列上进行创建。之前，全文索引仅在 MyISAM 存储引擎中得到支持，自 MySQL 5.6 版本开始，InnoDB 也支持全文索引。

4. 索引的优势与弊端

在包含较少数据的表中，索引对查询速度的影响不大。但在数据量庞大时，索引可以显著提高查询效率。索引尤其在执行涉及多个表连接的复杂查询时，能够大幅度提升性能。

总体来说，索引主要有以下优势：

（1）提高数据检索速度，减少磁盘 I/O 操作；

（2）降低处理查询的 CPU 资源消耗。

索引的弊端主要如下：

（1）索引会额外占用磁盘空间；

（2）频繁更新的表，如增加、删除和修改操作，会导致索引重建，从而降低这些操作的速度。

5. 索引的不适用场景

索引并非总是有益的。对于以下情况，索引可能不会带来性能提升：

（1）数据量很小的表；

（2）频繁进行更新操作的列；

（3）查询中很少使用的列；

（4）数据中含有大量重复值的列。

8.2.2　索引的创建和管理

微课：索引的
创建和管理

1. 建表时创建索引

创建表的同时可以指定一个或多个索引。创建索引的语法结构如下：

```
CREATE TABLE [IF NOT EXISTS] 表名 (
    列定义,
    ...
    [索引]
);
```

其中，[索引]可以是以下几种形式之一。

（1）PRIMARY KEY（列名，…）：创建主键索引。

（2）{INDEX | KEY}［索引名］（列名，…）：创建普通索引。

（3）UNIQUE［INDEX］［索引名］（列名，…）：创建唯一性索引。

（4）[FULLTEXT]［INDEX］［索引名］（列名，…）：创建全文索引。

【例 8.10】在 market 数据库中，创建 product_bk 表，表结构同 product 表，并在 productid 列上创建主键索引 pk_product，在 productname 列上创建唯一性索引 uk_product_productname，在 price 列上创建普通索引 ix_product_price。

在 SQL 编辑器中执行如下语句：

```
CREATE TABLE product_bk (
    productid CHAR(10) NOT NULL,
    sortid CHAR(10) NOT NULL,
    productname VARCHAR(30) NOT NULL,
    price FLOAT(10,2) NOT NULL,
    quantity INT NOT NULL DEFAULT 100,
    image VARCHAR(50),
    description VARCHAR(2000),
    time DATETIME NOT NULL,
    PRIMARY KEY (productid),
    UNIQUE KEY uk_product_productname (productname),
    INDEX ix_product_price (price)
);
```

执行上述语句后，product_bk 表被成功创建，此时可以执行 SHOW INDEX FROM product_bk; 语句，可以看到新建的三个索引，如图 8.7 所示。

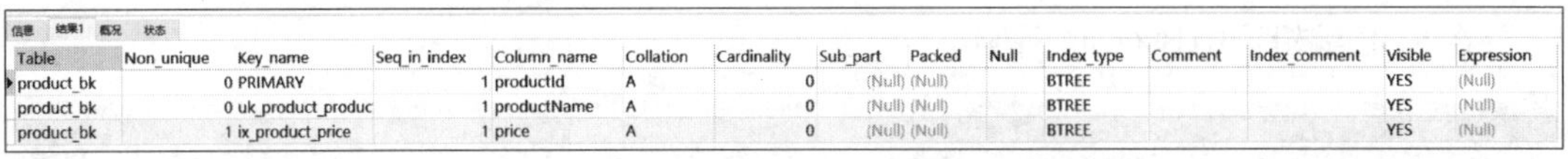

Table	Non_unique	Key_name	Seq_in_index	Column_name	Collation	Cardinality	Sub_part	Packed	Null	Index_type	Comment	Index_comment	Visible	Expression
product_bk	0	PRIMARY	1	productId	A	0	(Null)	(Null)		BTREE			YES	(Null)
product_bk	0	uk_product_produc	1	productName	A	0	(Null)	(Null)		BTREE			YES	(Null)
product_bk	1	ix_product_price	1	price	A	0	(Null)	(Null)		BTREE			YES	(Null)

图 8.7　product_bk 表上新建的三个索引

⚠ **注意**：PRIMARY KEY 和 UNIQUE 可以位于列定义之后，而 INDEX 应该放在最后。普通索引通常以"ix_表名_列名"的方式命名。

2. 建表后创建索引

对已存在的表添加索引，有以下两种方法。

（1）使用 CREATE INDEX 创建索引，语句如下：

```
CREATE [UNIQUE | FULLTEXT] INDEX 索引名
    ON 表名 (列名 [(长度)] [ASC | DESC], ...);
```

语法说明如下。

- "长度"指的是索引在列上的前缀长度，可减少索引占用的磁盘空间。
- [ASC | DESC]指定升序或降序排列，但在 MySQL 中 DESC 排序对索引不起作用。

● CREATE INDEX 不能创建主键索引。

【例 8.11】在 market 数据库的 admin 表上，为 name 列的前 4 个字符创建一个降序的普通索引 ix_admin_name。

在 SQL 编辑器中执行如下语句：

```
CREATE INDEX ix_admin_name
ON admin (name(4) DESC);
```

执行结果如图 8.8 所示。

名	栏位	索引类型	索引方法
name	name	Unique	BTREE
ix_admin_name	name(4)	Normal	BTREE

图 8.8　例 8.11 的执行结果

（2）使用 ALTER　TABLE 创建索引，语句如下：

```
ALTER TABLE 表名
    ADD PRIMARY KEY [索引名] (列名, ...)
    | ADD UNIQUE [索引名] (列名, ...)
    | ADD INDEX [索引名] (列名, ...)
    | ADD FULLTEXT [索引名] (列名, ...);
```

⚠ 注意：与 CREATE INDEX 不同，ALTER TABLE 可以用于创建主键索引。

【例 8.12】在 market 数据库的 orderdetails 表上，为 orderid 和 productid 列创建一个复合索引 ix_orderDetail_orderid_productid。

在 SQL 编辑器中执行如下语句：

```
ALTER TABLE orderdetails
    ADD INDEX ix_orderDetail_orderid_productid (orderid, productid);
```

执行结果如图 8.9 所示。

名	栏位	索引类型	索引方法
productid	productid	Normal	BTREE
ix_orderDetail_orderid_pr	orderid, productid	Normal	BTREE

图 8.9　例 8.12 的执行结果

3. 查看索引

查看表上索引的语法结构如下：

```
SHOW INDEX FROM 表名;
```

4. 删除索引

（1）使用 DROP INDEX 删除索引，语句如下：

```
DROP INDEX FROM 索引名 ON 表名；
```

【例 8.13】删除 admin 表上的索引 ix_admin_name。

```
DROP INDEX ix_admin_name ON admin；
```

（2）使用 ALTER TABLE 删除索引，语句如下：

```
ALTER TABLE 表名
  DROP PRIMARY KEY
  | DROP INDEX 索引名；
```

【例 8.14】删除 product 表上的主键索引和普通索引 ix_product_price。

```
ALTER TABLE product
  DROP PRIMARY KEY,
  DROP INDEX ix_product_price;
```

◆ 项目任务单 ◆

在本项目中，我们深入探讨了 MySQL 中视图和索引的特性，及其在数据库性能和查询优化中的关键作用。视图提供了一种高效的数据表示方式，使得复杂查询得以简化，而索引则是提升查询速度的重要工具。这两者相结合，不仅能够提升数据库性能，还能够增强数据访问的安全性和便捷性。为了检验读者对视图和索引概念的理解和掌握程度，请完成以下任务。

1. 描述视图的概念、用途及其在数据库设计中的优势，写出如何在 MySQL 中创建一个视图，并解释如何使用它来简化查询。

2. 讨论索引的工作原理和对数据库性能的影响，解释如何在 MySQL 中创建索引，以及何时需要更新或删除索引。

3. 通过实例展示如何使用视图来提升数据安全性，例如，限制对敏感信息的访问。

4. 选取一个特定的查询案例，展示存在索引与缺少索引的情况下的查询效率差异，并详细解释索引提高查询速度的原理。

◆ **拓 展 任 务** ◆

　　sakila 示例数据库是一个复杂的数据库，它模拟了一个 DVD 租赁店的运营情况。数据库包含了丰富的表和视图，为练习和理解索引的创建和优化提供了理想的环境。在实际业务中，经常需要优化查询性能，以便更快地访问和分析数据，特别是在面对大量数据时。首先，请以 sakila 数据库中的 film 表为例，尝试如何创建有效的索引，以提升查询性能和数据检索速度。

　　（1）基于电影标题进行快速检索：创建索引以优化根据电影标题查询电影信息的性能。

　　（2）基于电影描述进行快速检索：创建索引以提升根据电影描述查询电影信息的速度。

　　然后，使用 EXPLAIN 分析查询计划，了解查询执行路径和索引的使用情况。结合系统工具（如 top 或 htop）监控 CPU 使用率，以及使用 iostat 查看 I/O 负载，评估索引对系统资源的影响。探讨索引对数据库增删改操作性能的潜在影响，并掌握索引维护的最佳实践。

　　最后，撰写一份报告，总结索引改进查询性能的效果，并分享实践经验与心得。

　　该拓展任务将深化读者对 MySQL 索引机制的理解，并增强在数据库性能调优方面的实践技能。

项目 9

数据库编程

项目目标

- 掌握 MySQL 的语言结构和流程控制语句;
- 了解 SQL 事务机制;
- 能够根据应用需求使用 SQL 语句编写简单脚本。

项目描述

在本项目中,我们将学习如何提升 SQL 编程的效率和自动化水平。首先,从掌握常量和变量的定义与使用入手,为后续编写高级存储过程和函数打下基础。其次,使用流程控制语句,如 IF-THEN-ELSE、CASE、LOOP、WHILE,来实现更复杂的逻辑和循环操作。还将学习创建存储过程,这些预编写的 SQL 代码块可高效执行数据库中的批量任务。与此同时,也将学习存储函数的构建和应用,它们返回的值可以直接在 SQL 查询中使用。异常处理的知识能够更好地处理程序中的意外情况,而触发器的使用则帮助自动化响应数据的变化。最后,通过游标精确控制对数据集的行级操作,进一步增强对数据处理的精细度。

通过一系列的案例分析和实操,我们将学会如何灵活运用所学知识,设计高效的数据库操作策略,不断提升作为 MySQL 数据库开发者的专业能力。

任务 9.1　认识常量和变量

微课:认识
常量和变量

9.1.1　常量

在 MySQL 中,常量是不变的值,它们可以是直接在 SQL 语句中编写的值。常量的类型包括以下五种。

（1）字符串常量，如 'Hello，World!'。

（2）数值常量，如 42 或 3.14。

（3）日期和时间常量，如 '2023-04-01' 或 '12:34:56'。

（4）布尔常量，TRUE 或 FALSE。

（5）NULL，表示缺失或未知的值。

9.1.2 变量

变量是在 SQL 执行期间可以变化的值，用于临时存储信息，如用户输入或计算结果。在 MySQL 中，变量分为系统变量和用户自定义变量。

1. 系统变量

系统变量由 MySQL 服务器管理，存在两种作用域：全局（GLOBAL）和会话（SESSION）。全局变量在 MySQL 启动时初始化，默认值可通过配置文件更改。会话变量为每个新的连接会话初始化，默认从全局变量复制。变量的修改会影响相应作用域内的所有会话。

1）查看系统变量

查看系统变量的语法结构如下：

```
SHOW [GLOBAL | SESSION] VARIABLES [LIKE 字符串];
```

语法说明如下。

- GLOBAL：全局系统变量。
- SESSION：会话系统变量，默认是 SESSION。
- LIKE 字符串：条件匹配，可以使用通配符 % 和 _，参照模糊查询。

【例 9.1】查看当前 MySQL 的版本号和当前日期。

在 SQL 编辑器中执行如下语句：

```
SELECT @@VERSION, CURRENT_DATE;
```

执行结果如图 9.1 所示。

2）修改系统变量

使用 SET 命令或编辑 MySQL 配置文件并重启服务。语法结构如下：

```
SET @@[GLOBAL. | SESSION.] 变量名 = 变量值;
```

【例 9.2】修改全局系统变量 MAX_CONNECTIONS（服务器的最大连接数）为 200。

在 SQL 编辑器中执行如下语句：

```
SET @@GLOBAL.MAX_CONNECTIONS = 200;
SELECT @@GLOBAL.MAX_CONNECTIONS;
```

执行结果如图 9.2 所示。

图 9.1　查看当前 MySQL 的版本号和当前日期　　图 9.2　修改全局系统变量 MAX_CONNECTIONS

2. 用户自定义变量

用户自定义变量是由用户创建，使用单个 @ 符号定义。它们有两种类型：会话用户变量和局部变量。会话用户变量在当前会话中有效，局部变量只在定义它们的 BEGIN…END 代码块中有效，并且通常用于存储过程和函数中。

1）会话用户变量

定义会话用户变量的语法结构如下：

```
SET @用户变量名 [:]= 表达式 ;
```

或

```
SELECT 表达式 INTO @用户变量名 ;
```

【**例 9.3**】创建用户变量 @name 并赋值。

在 SQL 编辑器中执行如下语句：

```
SET @name := '曹操';
```

或

```
SELECT '曹操' INTO @name;
```

可以通过下面语句查看用户变量的值：

```
SELECT @用户变量名 ;
```

【**例 9.4**】查询例 9.3 中创建的 @name。

在 SQL 编辑器中执行如下语句：

```
SELECT @name;
```

执行结果如图 9.3 所示。

2）局部变量

局部变量定义在 BEGIN…END 代码块中，使用 DECLARE 语句，且必须指定数据类型。

图 9.3　例 9.4 的执行结果

定义局部变量的语法结构如下：

```
DECLARE 局部变量名 [,...] 数据类型 [DEFAULT 默认值 ];
```

【**例 9.5**】定义局部变量 name，数据类型是 VARCHAR（20），默认值是"苏轼"。

在 SQL 编辑器中执行如下语句：

```
DECLARE name VARCHAR(20) DEFAULT '苏轼';
```

微课：认识流程
控制语句

任务 9.2 认识流程控制语句

流程控制语句在 MySQL 中管理复杂的业务逻辑，并控制 SQL 操作的执行顺序。流程控制可分为以下三类。

（1）顺序结构：SQL 语句按书写顺序执行。

（2）分支结构：根据条件判断，选择性地执行特定的语句。

（3）循环结构：重复执行一组语句，直到满足某个特定条件。

在 MySQL 中，流程控制语句主要包括以下三类。

（1）条件判断语句：IF 语句和 CASE 语句用于基于条件执行不同的 SQL 语句。

（2）循环语句：WHILE、REPEAT 和 LOOP 语句用于创建循环过程。

（3）跳转语句：ITERATE 和 LEAVE 语句用于控制循环的流程。

⚠ 注意：流程控制语句仅用于存储过程、函数和触发器。

9.2.1 IF 语句

IF 语句根据给定的条件执行相应的代码块。其基本语法如下：

```
IF 条件1 THEN 语句1
[ELSEIF 条件2 THEN 语句2]
...
[ELSE 语句n]
END IF;
```

IF 语句示例（伪代码）：根据变量 @number 的值执行不同的操作。

```
IF @number > 0 THEN
   -- 如果是正数，则执行相关操作
   SELECT' 这是一个正数 'AS result;
ELSEIF @number < 0 THEN
   -- 如果是负数，则执行相关操作
   SELECT' 这是一个负数 'AS result;
ELSE
   -- 如果数字为零，则执行相关操作
   SELECT' 这个数是零 'AS result;
END IF;
```

在该示例中，检查变量 @number 的值。如果 @number 大于 0，则执行第一个代码块来处理正数；如果 @number 小于 0，则执行第二个代码块来处理负数；如果 @number 等于 0，则执行第三个代码块。

9.2.2　CASE 语句

CASE 语句根据一个表达式的值或一系列条件来执行不同的代码块。它有两种语法结构。

1. 基于值的判断

基于值判断的语法结构如下：

```
CASE 表达式
  WHEN 值 1 THEN 语句 1
  [WHEN 值 2 THEN 语句 2]
  ...
  [ELSE 语句 n]
END CASE;
```

2. 基于条件的判断

基于条件判断的语法结构如下：

```
CASE
  WHEN 条件 1 THEN 语句 1
  [WHEN 条件 2 THEN 语句 2]
  ...
  [ELSE 语句 n]
END CASE;
```

CASE 语句示例（伪代码）：根据变量 @day 的值决定执行哪天的特定操作。

```
CASE @day
  WHEN 'Monday' THEN
    -- 如果是周一，则执行周一的操作
    INSERT INTO daily_tasks (task_name, priority) VALUES ('周会','high');
  WHEN Tuesday' THEN
    -- 如果是周二，则执行周二的操作
    INSERT INTO daily_tasks (task_name, priority) VALUES ('项目评审','medium');
  ELSE
    -- 否则，执行默认操作
    INSERT INTO daily_tasks (task_name, priority) VALUES ('日常工作','normal');
END CASE;
```

该示例根据 @day 的值决定执行的操作。如果 @day 是 Monday，则执行周一的操作；如果是 Tuesday，则执行周二的操作；如果不是上述两天，则执行默认操作。

9.2.3　WHILE 语句

WHILE 语句在条件为真时重复执行代码块，其基本语法如下：

```
[while 标号 :] WHILE 循环条件 DO
    循环体
END WHILE [while 标号 ];
```

WHILE 语句示例（伪代码）：创建一个循环，执行循环体直到计数器 @counter 达到 10。

```
-- 初始化计数器和总和
SET @counter = 1;
SET @sum = 0;
WHILE @counter < =10 DO
    -- 执行循环体中的操作
    SET @sum = @sum + @counter
    SET @counter = @counter + 1;
END WHILE;
-- 输出最终结果
SELECT ' 计算完成 ' AS status, @sum AS final_total
```

在该示例中，初始化一个计数器变量 @counter 为 0。然后，只要 @counter 小于或等于 10，就在循环内执行将当前数字加到总和中的操作，并将 @counter 增加 1。

9.2.4 REPEAT 语句

REPEAT 语句至少执行一次循环体，然后如果满足退出条件则结束循环。其基本语法如下：

```
[repeat 标号 :] REPEAT
    循环体
UNTIL 退出条件
END REPEAT [repeat 标号 ];
```

REPEAT 语句示例（伪代码）：创建一个循环，重复执行直到计数器 @counter 大于 10。

```
-- 初始化计数器和总和
SET @counter = 1;
SET @sum = 0;
REPEAT
    -- 执行循环体中的操作
    SET @sum = @sum + @counter
    SET @counter = @counter + 1;
UNTIL @counter > 10
END REPEAT;
```

在该示例中，初始化 @counter 为 0，循环将执行把当前数字加到总和中的操作，然后 @counter 增加 1。如果 @counter 超过 10，则循环停止。

9.2.5 LOOP 语句

LOOP 语句提供了一个无限循环的结构，可以使用 LEAVE 语句在满足特定条件时退出循环。其基本语法如下：

```
[loop 标号:] LOOP
    循环体
END LOOP [loop 标号];
```

LOOP 语句示例（伪代码）：创建一个无限循环，直到计数器 @counter 超过 10。

```
-- 初始化变量
SET @counter = 1;
SET @factorial = 1;
--LOOP 语句示例：计算 10 的阶乘
my_factorial_loop: LOOP
 -- 计算阶乘
 SET @factorial = @factorial * @counter;

 -- 输出每一步的结果
 SELECT @counter AS current_number, @factorial AS current_factorial;
 -- 增加计数器
 SET @counter = @counter + 1;
 -- 检查是否达到退出条件
 IF @counter > 10 THEN
   LEAVE my_factorial_loop; -- 当 @counter 超过 10 时，退出循环
 END IF;
END LOOP my_factorial_loop;
-- 输出最终结果
SELECT '计算完成' AS status, @factorial AS final_factorial;
```

在该示例中，使用 @counter 变量来控制循环。当 @counter 超过 10 时，使用 LEAVE
语句退出循环。

任务 9.3　创建和使用存储过程

微课：创建和
使用存储过程

9.3.1　认识存储过程

前面的项目介绍了如何通过 SQL 语句对单个或多个表进行操作。但是在实际应用中，常常需要一系列的 SQL 语句协同工作才能完成复杂的业务流程。以 Market 网上菜场系统为例，一个典型的订单处理流程可能包括核对库存、预留商品、处理缺货及通知客户等多个步骤。这些步骤需要多条 SQL 语句，并且根据不同的库存情况，执行的语句和顺序也会发生变化。

此时，可以选择编写一系列独立的 SQL 语句，并在需要时执行它们。但这种做法不仅烦琐，还容易出错。作为替代方案，可以使用存储过程来封装这些语句。存储过程（stored procedure）是一组预编译的 SQL 语句，它存储在数据库服务器上，客户端通过发

出调用指令来执行。如图 9.4 所示，存储过程可以被触发器、其他存储过程或不同编程语言（如 Java、Python、PHP）编写的应用程序调用。

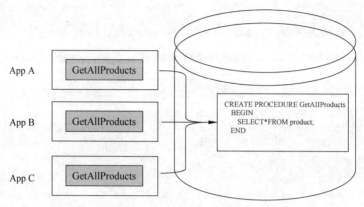

图 9.4　存储过程调用机制

存储过程不仅简化了操作流程，增加了代码的可重用性，减轻了开发人员的工作负担，而且提高了执行效率。此外，由于减少了网络传输的数据量，还可以提高应用程序的响应速度和数据安全性。

根据参数类型，存储过程可分为以下几类：

- 无参数；
- 仅带 IN 类型参数；
- 仅带 OUT 类型参数；
- 同时带有 IN 和 OUT 类型参数；
- 带有 INOUT 类型参数。

一个存储过程中可以带多个 IN、OUT、INOUT 参数。

微课：存储过
程应用案例

9.3.2　创建存储过程

（1）存储过程的创建语法结构如下：

```
CREATE PROCEDURE 存储过程名 (IN|OUT|INOUT 参数名 参数类型 ,...)
    [LANGUAGE SQL]
    [NOT DETERMINISTIC | DETERMINISTIC]
    [CONTAINS SQL | NO SQL | READS SQL DATA | MODIFIES SQL DATA ]
    [SQL SECURITY { DEFINER | INVOKER }]
    [ COMMENT '注释']
BEGIN
    存储过程体
END
```

语法说明如下。

- IN：输入参数，仅供存储过程读取。
- OUT：输出参数，存储过程执行完毕后返回值。

- INOUT：既是输入参数，也是输出参数。
- 参数类型：任意 MySQL 支持的数据类型。
- NOT DETERMINISTIC | DETERMINISTIC：每次执行是否返回相同的结果。
- CONTAINS SQL | NO SQL | READS SQL DATA | MODIFIES SQL DATA：存储过程内部 SQL 语句的性质。
- SQL SECURITY {DEFINER | INVOKER}：执行权限。

如果存储过程体仅包含一条 SQL 语句，BEGIN 和 END 可以省略。

（2）调用存储过程使用 CALL 语句，并且需要指定参数，语法结构如下：

```
CALL 存储过程名 (实参列表);
```

不同的参数类型，有不同的调用格式。

① 调用 IN 模式的参数，格式如下：

```
CALL 存储过程名 (' 值 ');
```

② 调用 OUT 模式的参数，格式如下：

```
SET @name='';
CALL 存储过程名 (@name);
SELECT @name;
```

③ 调用 INOUT 模式的参数，格式如下：

```
SET @name=' 值 ';
CALL 存储过程名 (@name);
SELECT @name;
```

下面通过几个应用案例来演示存储过程的创建与调用过程。

【例 9.6】创建存储过程 pr_total_customer 以显示 market 数据库中的用户总数，并演示如何调用该存储过程。

在 SQL 编辑器中执行如下语句：

```
USE market;
-- 创建存储过程
CREATE PROCEDURE pr_total_customer()
BEGIN
   SELECT COUNT(*) AS 客户总数
FROM customer;
END
-- 调用存储过程
CALL pr_total_customer();
```

执行结果如图 9.5 所示。

【例 9.7】创建存储过程 pr_productinstock 来查看特定商品的库存量，使用 IN 参数 productid 传递商品 ID。

在 SQL 编辑器中执行如下语句：

图 9.5 例 9.6 的执行结果

```
USE market;
-- 创建存储过程
CREATE PROCEDURE pr_productinstock(IN p_productid CHAR(10))
BEGIN
  SELECT quantity AS 库存量
  FROM product
  WHERE productid=p_productid;
END
-- 调用存储过程
CALL pr_productinstock('1001');
```

执行结果如图 9.6 所示。

【例 9.8】创建存储过程 pr_show_total_customer 以返回客户总数，结果通过 OUT 参数 p_total_customer 返回。

在 SQL 编辑器中执行如下语句：

```
USE market;
-- 创建存储过程
CREATE PROCEDURE pr_show_total_customer(OUT p_total_customer INT)
BEGIN
  SELECT COUNT(*) INTO p_total_customer
  FROM customer ;
  END
-- 调用存储过程
CALL pr_show_total_customer(@c_total);
SELECT @c_total;
```

执行结果如图 9.7 所示。

图 9.6 例 9.7 的执行结果   图 9.7 例 9.8 的执行结果

【例 9.9】创建存储过程 pr_TOPn_productsales 返回销售量排名第 n 的商品的销售量，排名通过 INOUT 参数 n 传递。

在 SQL 编辑器中执行如下语句：

```
USE market;
-- 创建存储过程
CREATE PROCEDURE pr_TOPn_productsales(INOUT n INT)
BEGIN
  DECLARE m INT DEFAULT 0;
  SET m = n-1;
  SELECT SUM(number) INTO n FROM orderdetails
  GROUP BY productid
  ORDER BY SUM(number) DESC
```

```
    LIMIT m, 1;
END
-- 调用存储过程
SET @n=5;
CALL pr_TOPn_productsales(@n);
SELECT @n;
```

执行结果如图 9.8 所示。

【例 9.10】创建存储过程 pr_show_productinstock 查看特定商品的库存量，商品 ID 通过 IN 参数 productid 传递，库存量通过 OUT 参数 p_instock 输出。

在 SQL 编辑器中执行如下语句：

```
USE market;
-- 创建存储过程
CREATE PROCEDURE pr_show_productinstock(IN p_productid CHAR(10),
OUT p_instock INT)
BEGIN
  SELECT quantity INTO p_instock
  FROM product
  WHERE productid=p_productid;
END

-- 调用存储过程
CALL pr_show_productinstock('1001',@p_instock);
SELECT @p_instock;
```

执行结果如图 9.9 所示。

图 9.8　例 9.9 的执行结果　　　　　图 9.9　例 9.10 的执行结果

9.3.3　查看存储过程

要了解 MySQL 数据库中的存储过程的详细信息，可以使用多种方法来查看存储过程的定义和属性。

1. 查看存储过程的定义

为了查看特定存储过程的定义，可以使用 SHOW CREATE PROCEDURE 命令，将显示创建存储过程的完整 SQL 语句。

【例 9.11】查看前面创建的 pr_total_customer 存储过程的定义。

在命令行中执行以下语句：

```
SHOW CREATE PROCEDURE pr_total_customer \G;
```

执行结果如图 9.10 所示。

```
mysql> SHOW CREATE PROCEDURE pr_total_customer\G;
*************************** 1. row ***************************
           Procedure: pr_total_customer
            sql_mode: STRICT_TRANS_TABLES,NO_ENGINE_SUBSTITUTION
    Create Procedure: CREATE DEFINER=`root`@`localhost` PROCEDURE `pr_total_customer`()
BEGIN
 SELECT count(*) AS 用户总数
 FROM customer;
END
character_set_client: utf8mb3
collation_connection: utf8_general_ci
  Database Collation: utf8_general_ci
1 row in set (0.00 sec)
```

图 9.10　例 9.11 的执行结果

2. 查看存储过程的状态

要获取存储过程的状态信息，如创建时间、安全性类型、数据库引擎和注释等，可以使用 SHOW PROCEDURE STATUS 命令。可以为此命令提供一个过滤模式，以限制输出的存储过程列表。

【例 9.12】 查看 market 数据库中的存储过程状态信息。

在命令行中执行以下语句：

```
SHOW PROCEDURE STATUS WHERE Db = 'market' \G;
```

执行结果如图 9.11 所示。

```
mysql> SHOW PROCEDURE STATUS WHERE Db = 'Market'\G;
*************************** 1. row ***************************
                  Db: market
                Name: pr_productinstock
                Type: PROCEDURE
             Definer: root@localhost
            Modified: 2023-12-01 10:47:21
             Created: 2023-12-01 10:47:21
       Security_type: DEFINER
             Comment:
character_set_client: utf8
collation_connection: utf8_general_ci
  Database Collation: utf8_general_ci
*************************** 2. row ***************************
                  Db: market
                Name: pr_show_productinstock
                Type: PROCEDURE
             Definer: root@localhost
            Modified: 2023-12-06 08:49:05
             Created: 2023-12-06 08:34:14
       Security_type: DEFINER
             Comment: 返回指定商品编号的库存量
character_set_client: utf8
collation_connection: utf8_general_ci
  Database Collation: utf8_general_ci
```

图 9.11　例 9.12 的执行结果

【**例 9.13**】查看 market 数据库中的存储过程 pr_show_productinstock 状态信息。

在命令行中执行以下语句：

```
SHOW PROCEDURE STATUS LIKE 'pr_show_productinstock' \G;
```

执行结果如图 9.12 所示。

```
mysql> SHOW PROCEDURE STATUS LIKE 'pr_show_productinstock'\G;
*************************** 1. row ***************************
                  Db: market
                Name: pr_show_productinstock
                Type: PROCEDURE
             Definer: root@localhost
            Modified: 2023-12-06 08:49:05
             Created: 2023-12-06 08:34:14
       Security_type: DEFINER
             Comment: 返回指定商品编号的库存量
character_set_client: utf8
collation_connection: utf8_general_ci
  Database Collation: utf8_general_ci
1 row in set (0.01 sec)
```

图 9.12　例 9.13 的执行结果

3. 使用 information_schema.routines 表

对于更高级的用户，information_schema 数据库提供了一张名为 routines 的表，其中包含所有存储过程和函数的信息。可以查询这张表来获得存储过程的详细信息。

【**例 9.14**】查看 pr_productinstock 存储过程的信息。

在命令行中执行以下语句：

```
SELECT routine_schema, routine_name, routine_definition, created,
last_altered, sql_mode, security_type, routine_comment
FROM information_schema.routines
WHERE routine_schema = 'market' AND routine_name = 'pr_productinstock'\ G;
```

执行结果如图 9.13 所示。

```
*************************** 1. row ***************************
    ROUTINE_SCHEMA: market
      ROUTINE_NAME: pr_productinstock
ROUTINE_DEFINITION: BEGIN
  SELECT  quantity AS 库存量
  FROM  product
  WHERE  productid=p_productid;
END
           CREATED: 2023-12-01 10:47:21
      LAST_ALTERED: 2023-12-01 10:47:21
          SQL_MODE: STRICT_TRANS_TABLES,NO_ENGINE_SUBSTITUTION
     SECURITY_TYPE: DEFINER
   ROUTINE_COMMENT:
1 row in set (0.00 sec)
```

图 9.13　例 9.14 的执行结果

这些方法提供了全面的视角来查看存储过程的不同方面信息，无论是创建语句、状态信息，还是更详尽的元数据。通过这些工具，数据库管理员和开发者可以有效地管理和审计数据库中的存储过程。

9.3.4 修改存储过程

在数据库的日常维护中，可能需要修改现有的存储过程以适应业务逻辑的变化或改善性能。要修改一个存储过程，使用 ALTER PROCEDURE 命令。值得注意的是，ALTER PROCEDURE 命令并不用于修改存储过程的存储体（即内部 SQL 语句），而是用来修改存储过程的特性，如注释（COMMENT）、SQL 安全性（SQL SECURITY）。实际上，在大多数情况下，修改存储过程体的操作是通过先删除（DROP）存储过程然后重新创建（CREATE）来完成的。

【例 9.15】修改之前创建的 pr_show_total_customer 存储过程的注释。

在 SQL 编辑器中执行如下语句：

```
ALTER PROCEDURE pr_show_total_customer
COMMENT 'Returns the total number of customers in the market database';
```

然而，如果需要改变存储过程的 SQL 语句或逻辑，必须使用 DROP PROCEDURE 来删除旧的存储过程，然后用 CREATE PROCEDURE 语句重新创建它。

【例 9.16】删除并重新创建 pr_show_total_customer 存储过程，需要添加一个新的日志表来记录每次存储过程调用的时间戳。

在 SQL 编辑器中执行如下语句：

```
-- 首先删除现有的存储过程
DROP PROCEDURE IF EXISTS pr_show_total_customer;
-- 重新创建存储过程，添加了记录日志的功能
CREATE PROCEDURE pr_show_total_customer(OUT p_total_customer INT)
BEGIN
  -- 插入调用时间戳到日志表
  INSERT INTO procedure_log (procedure_name, call_time)
  VALUES ('pr_show_total_customer', NOW());
  -- 计算总客户数并设置输出参数
  SELECT COUNT(*) INTO p_total_customer
  FROM customer ;
END
```

通过这种方式，不仅更新了存储过程的逻辑，还能保证数据库中的权限和依赖关系不受影响。

9.3.5 删除存储过程

删除存储过程是数据库维护工作中的一个常见任务，旨在移除不再需要或已过时的程序。删除存储过程的语句相当简单，语法结构如下：

```
DROP PROCEDURE [IF EXISTS] <存储过程名>
```

使用 IF EXISTS 选项可以避免在尝试删除不存在的存储过程时产生错误。该选项会先检查指定的存储过程是否存在，如果存在则执行删除操作，否则不执行任何操作。

【例 9.17】删除 market 数据库中名为 pr_show_total_customer 的存储过程。

在 SQL 编辑器中执行如下语句：

```
DROP PROCEDURE IF EXISTS pr_show_total_customer;
```

通过包含 IF EXISTS，确保在 pr_show_total_customer 存储过程不存在的情况下，该命令不会引发错误，并且在实际存在时才会被删除。

任务 9.4　创建和管理存储函数

微课：创建和
管理存储函数

存储函数是一种能够返回单个值的存储程序，它们通常被用来封装复杂的计算或业务逻辑，以便在 SQL 语句或其他存储程序中重用。与存储过程不同的是，存储函数可以像普通的表达式一样被直接嵌入 SQL 语句中，这有助于提高代码的可读性和可维护性。

我们在学习统计查询时，已经熟悉了如 MAX( )、MIN( )、COUNT( ) 等内置聚合函数，它们可以对数据执行各种统计操作，极大地提高了数据库管理的效率。MySQL 还支持创建自定义的存储函数，一旦定义好，调用它们的方式就与使用 MySQL 预定义的系统函数没有区别。

9.4.1　创建存储函数

微课：存储函
数应用案例

创建存储函数的基本语法结构如下：

```
CREATE FUNCTION 函数名(参数名 参数类型,...)
RETURNS 返回值类型
[characteristics ...]
   BEGIN
      函数体   -- 函数体中必须包含至少一个 RETURN 语句
   END
```

语法说明如下。

- 参数列表：在创建函数时，所有参数都被默认为输入类型，即只能接收值而不能返回值。
- RETURNS 子句是函数定义中必需的部分，它指定了函数返回的数据类型。
- characteristics 用于指定函数的某些属性，如 SQL 安全级别、确定性和注释等。
- 函数体可以使用 BEGIN…END 来标示 SQL 代码的开始和结束，如果函数体只包含单条语句，则可以省略 BEGIN…END。

在 MySQL 中，调用存储函数的方式与调用内置函数无异。它们的本质是相同的，区别仅在于存储函数是由用户定义的。调用语法结构如下：

```
SELECT 存储函数名（实参列表）
```

下面通过几个应用实例来演示存储函数的创建与调用过程。

【例 9.18】在 market 数据库中，创建一个名为 avg_product_quantity 的存储函数，它将计算并返回 market 数据库中所有商品的平均库存量。返回的数据类型为 INT。

在 SQL 编辑器中执行如下语句：

```
USE market;
-- 创建存储函数
CREATE FUNCTION avg_product_quantity()
RETURNS INT
DETERMINISTIC
CONTAINS SQL
BEGIN
  RETURN (SELECT AVG(quantity) FROM product);
END
-- 调用存储函数
SELECT avg_product_quantity();
```

执行结果如图 9.14 所示。

【例 9.19】在 market 数据库中，创建一个名为 quantity_by_productid 的函数，它接收一个 productid 作为参数，并返回对应的库存量。productid 的数据类型为 CHAR（10），返回的 quantity 数据类型为 INT。

在 SQL 编辑器中执行如下语句：

```
USE market;
-- 创建存储函数
CREATE FUNCTION quantity_by_productid(p_id CHAR(10))
RETURNS INT
DETERMINISTIC
CONTAINS SQL
BEGIN
  RETURN (SELECT quantity FROM product WHERE productid = p_id);
END
-- 调用存储函数
SET @p_id = '1001';
SELECT quantity_by_productid(@p_id);
```

执行结果如图 9.15 所示。

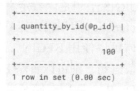

图 9.14　例 9.18 的执行结果　　　　图 9.15　例 9.19 的执行结果

9.4.2 查看存储函数

查看存储函数的方法与查看存储过程相似，可以使用 SHOW CREATE FUNCTION 命令或访问 information_schema.Routines 表。

1. 使用 SHOW CREATE 命令查看存储函数的创建信息

【例 9.20】查看存储函数 avg_product_quantity 的创建信息。

在命令行中执行以下语句：

```
SHOW CREATE FUNCTION avg_product_quantity \G;
```

执行结果如图 9.16 所示。

```
mysql> SHOW CREATE FUNCTION avg_product_quantity \G;
*************************** 1. row ***************************
           Function: avg_product_quantity
           sql_mode: STRICT_TRANS_TABLES,NO_ENGINE_SUBSTITUTION
    Create Function: CREATE DEFINER=`root`@`localhost` FUNCTION `avg_product_quantity`()
RETURNS int
    DETERMINISTIC
BEGIN
  RETURN (SELECT AVG(quantity) FROM product);
    END
character_set_client: utf8mb3
collation_connection: utf8_general_ci
  Database Collation: utf8_general_ci
1 row in set (0.00 sec)
```

图 9.16 例 9.20 的执行结果

2. 使用 SHOW STATUS 命令查看存储函数的状态信息

【例 9.21】查看存储函数 avg_product_quantity 的状态信息。

在命令行中执行以下语句：

```
SHOW FUNCTION STATUS LIKE '%avg_product_quantity%' \G;
```

执行结果如图 9.17 所示。

```
mysql> SHOW FUNCTION STATUS LIKE  '%avg_product_quantity%' \G;
*************************** 1. row ***************************
                  Db: market
                Name: avg_product_quantity
                Type: FUNCTION
             Definer: root@localhost
            Modified: 2023-07-25 19:12:30
             Created: 2023-07-25 19:12:30
       Security_type: DEFINER
             Comment:
character_set_client: utf8
collation_connection: utf8_general_ci
  Database Collation: utf8_general_ci
1 row in set (0.00 sec)
```

图 9.17 例 9.21 的执行结果

3. 从 information_schema.routines 表中查看存储函数的信息

【例 9.22】查看存储函数 avg_product_quantity 的信息。

在命令行中执行以下语句：

```
SELECT *
FROM information_schema.routines
WHERE ROUTINE_NAME='avg_product_quantity' AND ROUTINE_TYPE='FUNCTION' \G;
```

执行结果如图 9.18 所示。

```
*************************** 1. row ***************************
          SPECIFIC_NAME: avg_product_quantity
         ROUTINE_CATALOG: def
          ROUTINE_SCHEMA: market
            ROUTINE_NAME: avg_product_quantity
            ROUTINE_TYPE: FUNCTION
               DATA_TYPE: int
  CHARACTER_MAXIMUM_LENGTH: NULL
    CHARACTER_OCTET_LENGTH: NULL
       NUMERIC_PRECISION: 10
           NUMERIC_SCALE: 0
       DATETIME_PRECISION: NULL
       CHARACTER_SET_NAME: NULL
          COLLATION_NAME: NULL
           DTD_IDENTIFIER: int
             ROUTINE_BODY: SQL
       ROUTINE_DEFINITION: BEGIN
RETURN (SELECT AVG(quantity) FROM product);
END
           EXTERNAL_NAME: NULL
        EXTERNAL_LANGUAGE: SQL
          PARAMETER_STYLE: SQL
         IS_DETERMINISTIC: YES
         SQL_DATA_ACCESS: CONTAINS SQL
                SQL_PATH: NULL
           SECURITY_TYPE: DEFINER
                 CREATED: 2023-07-25 19:12:30
```

图 9.18　例 9.22 的执行结果

9.4.3　修改存储函数

修改存储函数通常指的是修改其特性，而非函数体。使用 ALTER FUNCTION 命令来实现，具体语法结构如下：

```
ALTER FUNCTION 存储函数名 [characteristic...]
```

【例 9.23】修改存储函数 avg_product_instock 的定义。将读写权限改为 READS SQL DATA，并加上注释信息"查询商品平均库存量"。

在命令行中执行以下语句：

```
ALTER FUNCTION avg_product_quantity
    SQL SECURITY INVOKER
    COMMENT '查询商品平均库存量' ;
-- 查看修改后的存储过程状态信息
SHOW FUNCTION STATUS LIKE 'avg_product_instock' \G
```

执行结果如图 9.19 所示。

```
*********************** 1. row ***********************
               Db: market
             Name: avg_product_quantity
             Type: FUNCTION
          Definer: root@localhost
         Modified: 2023-07-04 08:26:49
          Created: 2023-07-04 08:26:08
    Security_type: INVOKER
          Comment: 查询商品平均库存量
character_set_client: utf8
collation_connection: utf8_general_ci
 Database Collation: utf8_general_ci
1 row in set (0.01 sec)
```

图 9.19　例 9.23 的执行结果

9.4.4　删除存储函数

删除存储函数的语法结构与删除存储过程相似，具体语法结构如下：

```
DROP FUNCTION [IF EXISTS] <存储函数名>
```

【例 9.24】删除存储函数 avg_product_instock。

在 SQL 编辑器中执行如下语句：

```
DROP FUNCTION IF EXISTS avg_product_instock;
```

任务 9.5　异 常 处 理

微课：异常处理

在 MySQL 中，异常处理是对 SQL 语句或存储程序（包括存储过程、存储函数、触发器和事件处理程序）执行期间可能遇到的错误或异常情况的响应机制。这些异常情况包括无效输入、数据冲突或违反约束等运行时错误。

MySQL 提供了一套异常处理机制，包括使用 DECLARE HANDLER 命令声明异常处理程序来捕获和处理异常，以及使用 SIGNAL SQLSTATE 命令引发自定义异常。

9.5.1　使用 DECLARE HANDLER 命令处理异常

DECLARE HANDLER 命令允许开发者在存储程序中声明异常处理程序，以便在出现特定错误时执行自定义操作，从而更好地控制错误情况。

具体语法结构如下：

```
DECLARE 处理方式 HANDLER FOR 错误类型 处理语句
```

（1）具体处理方式可以是以下三种之一。

- CONTINUE：遇到错误时继续执行。
- EXIT：遇到错误时退出当前的存储程序。
- UNDO：撤销到错误发生前的状态，但在 MySQL 中目前不支持此操作。

（2）错误类型可以是以下六种之一。

- SQLSTATE '错误码'：匹配具体的 SQLSTATE 错误代码。
- MySQL_error_code：匹配数值类型的 MySQL 错误代码。
- 错误名称：对应于 DECLARE…CONDITION 定义的错误条件名称。
- SQLWARNING：匹配所有以 01 开头的 SQLSTATE 代码。
- NOT FOUND：匹配所有以 02 开头的 SQLSTATE 代码。
- SQLEXCEPTION：匹配除 SQLWARNING 和 NOT FOUND 外的所有 SQLSTATE 代码。

（3）处理语句：定义在遇到指定错误时要执行的操作，可以是简单语句或 BEGIN…END 块。

【例 9.25】在 market 数据库中创建一个名为 get_product_price 的存储函数，它接收一个商品 ID 参数，并返回该商品的价格。如果商品 ID 不存在，则返回"没有搜索到结果"。

在命令行中执行以下语句：

```
CREATE FUNCTION get_product_price(p_id CHAR(10))
RETURNS VARCHAR(20)
READS SQL DATA
BEGIN
  DECLARE p_price DECIMAL(10, 2) ;
  DECLARE CONTINUE HANDLER FOR NOT FOUND
    SET v_not_found=1;
  SELECT price INTO p_price
  FROM product
  WHERE productid = p_id;

IF v_not_found = 1 THEN
  RETURN '没有查询到结果';
ELSE
  RETURN CONCAT('价格：', p_price);
END IF;
END
-- 调用存储函数
SELECT get_product_price('0010');
```

执行结果如图 9.20 所示。

```
mysql> SELECT get_product_price('0010');
+---------------------------+
| get_product_price('0010') |
+---------------------------+
| 没有查询到结果            |
+---------------------------+
1 row in set (0.00 sec)
```

图 9.20 例 9.25 的执行结果

9.5.2　使用 SIGNAL SQLSTATE 命令处理异常

当需要在存储程序中引发特定条件的异常时，可以使用 SIGNAL SQLSTATE 命令生成自定义异常。

具体语法结构如下：

```
SIGNAL SQLSTATE '错误码'
  [SET 信号信息项
    [, 信号信息项 ] ...];
```

语法说明如下。

- 错误码：一个 5 字符的字符串，用于标识异常类型。自定义异常通常使用 45000。
- 信号信息项：可选项，用于提供有关异常的额外信息。

【例 9.26】在 market 数据库中创建一个名为 get_product_price 的存储函数，用于返回指定商品 ID 的价格。如果商品 ID 不存在，则引发一个自定义异常。

在命令行中执行以下语句：

```
CREATE FUNCTION get_product_price(p_id CHAR(10))
RETURNS DECIMAL(10, 2)
READS SQL DATA
BEGIN
  DECLARE p_price DECIMAL(10, 2) ;
  SELECT price INTO p_price
  FROM product
  WHERE productid = p_id;
  IF p_price IS NULL THEN
    SIGNAL SQLSTATE '45000'
  SET MESSAGE_TEXT = '商品ID不存在';
  END IF;
  RETURN p_price;
END
-- 调用存储函数
SELECT get_product_price('0010');
```

执行结果如图 9.21 所示。

【例 9.27】也可以将 DECLARE HANDLER 命令与 SIGNAL SQLSTATE 命令相结合来处理异常。具体 SQL 代码如下：

```
mysql> select get_product_price('0010');
ERROR 1644 (45000): 商品ID不存在
```

图 9.21　例 9.26 的执行结果

```
CREATE FUNCTION et_product_price(p_id CHAR(10))
RETURNS DECIMAL(10, 2)
READS SQL DATA
BEGIN
  DECLARE p_price DECIMAL(10, 2);
  -- 为 'NOT FOUND' 条件设置 EXIT 处理程序，引发自定义异常
```

```
DECLARE EXIT HANDLER FOR NOT FOUND
    SIGNAL SQLSTATE '45000'
    SET MESSAGE_TEXT = '商品 ID 不存在';
-- 尝试获取商品价格
SELECT price INTO p_price
FROM product
WHERE productid = p_id;
-- 如果 SELECT 语句找不到记录，NOT FOUND 处理程序将会执行并引发异常
RETURN p_price;
END
```

通过合理地使用异常处理机制，可以显著增强数据库程序的稳定性和可靠性。同时，它也提高了代码的可读性和维护性，使得错误处理更加清晰和直观。

任务 9.6　创建和使用触发器

微课：创建和
使用触发器

在数据库管理中，触发器是一种特殊的存储程序，当特定事件发生在表上时，它可以自动执行定义好的操作。例如，在 Market 网上菜场系统中，订单详情（orderdetails）表和商品（product）表记录着商品订购信息和库存信息。当顾客下单时，在 orderdetails 表中添加记录的同时，需要相应的在 product 表中更新库存数据以维护数据的完整性和一致性，如图 9.22 所示。

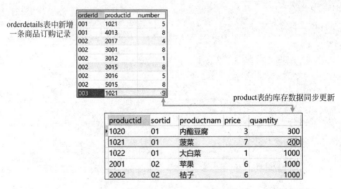

微课：触发器
应用案例

图 9.22　orderdetails 表和 product 表的数据一致性要求

9.6.1　触发器的基本概念

自 MySQL 5.0.2 起，触发器功能得到了集成，为数据库操作增添了自动化的灵活性。触发器是特殊的数据库对象，当发生特定的数据修改事件（如 INSERT、UPDATE 或 DELETE）时，它会自动执行预定义的 SQL 语句或代码块。通过使用触发器，可以在不直接修改应用程序代码的情况下，对数据库操作进行监控和约束，从而提高数据的一致性和完整性，并能实现复杂的业务逻辑。

触发器的常见应用场景包括以下六个方面。

（1）验证数据完整性：当新客户记录被插入时，触发器可以检查电话号码是否符合特定格式，并在不满足条件时拒绝该操作。

（2）自动归档：在商品类别被删除前，触发器可以自动将该记录复制到一个存档表中，确保数据不会丢失。

（3）实时更新状态：当图书被归还时，触发器可以立即更新数据库中的图书状态，反映当前可借阅情况。

（4）跟踪重要变化：对于学生入伍的记录，触发器可以自动更新其在校学籍状态，确保信息的准确性。

（5）监控事务进程：每当快递包裹状态变更为"已签收"，触发器可以更新物流信息，提高数据的实时性。

（6）统计分析：在歌曲播放时，触发器可以自动增加播放次数，便于后续的数据分析和趋势预测。

通过上述应用场景实例可以看出，触发器是数据库管理的强大工具，能够在不同场景下自动执行任务，提升效率并加强数据管理。

9.6.2 创建触发器

创建触发器的基本语法结构如下：

```
CREATE TRIGGER 触发器名称
{BEFORE|AFTER} {INSERT|UPDATE|DELETE} ON 表名
FOR EACH ROW
  BEGIN
    触发器 SQL 语句块；
  END
```

语法说明如下。

- 触发器名称：触发器的唯一名称。
- BEFORE | AFTER：触发器触发的时机，事件之前或之后。
- INSERT | UPDATE | DELETE：定义触发器响应的事件类型，插入、更新或删除。
- 表名：触发器关联的表名。
- FOR EACH ROW：指定触发器对每条记录执行的操作。

⚠ 注意：

① 触发器仅适用于表，不适用于视图或临时表。

② 触发器不能直接执行事务控制语句，如 COMMIT 或 ROLLBACK。此外，MySQL 限制了在一个触发器内调用另一个触发器的能力（即不支持触发器的嵌套）。

③ 在触发器中，可以使用 NEW 关键字访问触发 INSERT 或 UPDATE 事件后的新行数据，使用 OLD 关键字访问触发 UPDATE 或 DELETE 事件前的原始行数据。

下面通过几个应用案例来演示触发器的创建与调用过程。

【例 9.28】在 market 数据库中创建一个名为 tri_add_productsort 的触发器，用于在商品类别表（productsort）新增记录时，自动显示提示信息。

在命令行中执行以下语句：

```
CREATE TRIGGER tri_add_productsort
AFTER INSERT ON productsort
FOR EACH ROW
SELECT '新增商品类别 ID' INTO @message;
-- 测试触发器
INSERT INTO productsort VALUES('06','速食冻品');
SELECT @message;
```

```
+---------------+
| @message      |
+---------------+
| 新增商品类别   |
+---------------+
1 row in set (0.00 sec)
```

图 9.23　例 9.28 的执行结果

执行结果如图 9.23 所示。

CREATE TRIGGER 命令用来创建名为 tri_add_productsort 的新触发器。触发器可在一个操作发生之前或之后执行，这里给出了 AFTER INSERT，所以此触发器将在 INSERT 命令成功执行后被执行。该触发器还指定 FOR EACH ROW，因此每次向商品类别表中插入行时执行命令。

【例 9.29】创建一个名为 tri_check_customer_tel 的触发器，用于在插入新客户记录到 customer 表之前，检查电话号码格式是否正确（要求符合第一位是 1，第二位可以是 3、4、5、7、8 中的任意一位，最后 9 位由 0～9 的任意整数结尾）。

在命令行中执行以下语句：

```
CREATE TRIGGER tri_check_customer_tel
BEFORE INSERT ON customer
FOR EACH ROW
BEGIN
  IF !(NEW.tel REGEXP '^[1][3,4,5,7,8][0-9]{9}$') THEN
    SIGNAL SQLSTATE 'HY000'
    SET MESSAGE_TEXT = '电话号码输入错误';
  END IF;
END
-- 引发错误的插入尝试
INSERT INTO customer VALUES ('027', '晏几道', '11', '男',
'images\\face\\Image1.gif', '1371437896a', null, null, null, null);
-- 返回错误：电话号码输入错误
ERROR 1644 (HY000): 电话号码输入错误
-- 成功的插入尝试
INSERT INTO customer VALUES ('027', '晏几道', '11', '男',
'images\\face\\Image1.gif', '13714378960', null, null, null, null);
-- 查询成功执行，1 行数据被影响
Query OK, 1 row affected
```

该触发器在每一次尝试插入新记录到 customer 表之前触发。它检查 NEW 虚拟表中的 tel 字段是否与正则表达式 ^[1][34578][0-9]{9}$ 匹配。如果不匹配，触发器将中止 INSERT 操作并返回错误信息"电话号码输入错误"。

⚠️ 注意：

① 在 NEW 虚拟表中，可以访问或修改即将插入的行的数据，这对于在数据实际写入表之前进行验证和清洗非常有用。

② 在 BEFORE INSERT 触发器中，可以更改 NEW 中的值，这有助于纠正数据或应用默认值。

【例 9.30】在 market 数据库中创建一个名为 tri_delete_prodcutsort 的触发器。该触发器的作用是在删除 productsort 表中的商品类别记录时，自动将被删除的记录保存到一个备份表 productsort_bk 中，以此实现数据的存档备份。

在命令行中执行以下语句：

```
-- 创建备份表
CREATE TABLE productsort_bk
LIKE productsort;
-- 创建触发器
CREATE TRIGGER tri_delete_prodcutsort
BEFORE DELETE ON productsort
FOR EACH ROW
BEGIN
   INSERT INTO productsort_bk(sortid,sortname)
   VALUES(OLD.sortid,OLD.sortname);
END
-- 查看备份表是否为空
SELECT * FROM productsort_bk;
Empty set
- 删除商品类别的示例操作
DELETE FROM productsort
WHERE sortid = '06';
Query OK, 1 row affected
-- 查看备份表是否包含被删除的记录
SELECT * FROM productsort_bk;
```

执行结果如图 9.24 所示。

```
+--------+----------+
| sortid | sortname |
+--------+----------+
| 06     | 速食冻品 |      --新增productsort中被删除的商品类别记录
+--------+----------+
1 row in set (0.00 sec)
```

图 9.24　例 9.30 的执行结果

在执行对 productsort 表的删除操作之前，该触发器会被自动触发。它不仅利用 INSERT 命令将要被删除行的 sortid 和 sortname 字段值插入备份表 productsort_bk 中，而且通过这种方式，触发器确保了即使数据从原表中被删除，其记录的副本仍然被保留在备份表中，有效提升了数据的安全性。在这个过程中，被删除记录的值是通过 OLD 虚拟表访问获得的，该虚拟表允许在删除前获取原有数据信息。

⚠ 注意：

① 在 DELETE 触发器中，OLD 虚拟表允许我们访问被删除行的数据，但这些数据是只读的，不能被更新。

② 使用 BEFORE DELETE 触发器可以在删除原记录之前确保备份操作成功执行。如果备份失败，删除操作也会被阻止。

【例 9.31】 在 market 数据库中创建名为 tri_check_product_instock 的触发器，以确保每次在更新 product 表中商品库存时，更改的库存量必须位于 0～10000。如果更新的库存量超出这个范围，系统将抛出一个带有"HY001"SQL 状态码的错误，并提示用户"商品库存量不在合理范围内，请检查错误!"，导致更新操作失败。

在命令行中执行以下语句：

```
CREATE TRIGGER tri_check_product_instock
BEFORE UPDATE ON product
FOR EACH ROW
BEGIN
  IF NEW.quantity NOT BETWEEN 0 AND 10000 THEN
    SIGNAL SQLSTATE 'HY001'
    SET MESSAGE_TEXT = '商品库存量不在合理范围内，请检查错误!';
  END IF;
END
-- 尝试设置一个不合理的库存量来进行触发器的测试
UPDATE product
SET quantity = -100
WHERE productid = '1001';
-- 将产生一个错误信息：ERROR 1644 (HY001)：商品库存量不在合理范围内，请检查错误!
-- 查询相应商品的库存量
SELECT quantity
FROM product
WHERE productid = '1001';
```

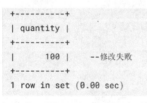

```
+----------+
| quantity |
+----------+
|      100 |   --修改失败
+----------+
1 row in set (0.00 sec)
```

图 9.25 例 9.31 的执行结果

执行结果如图 9.25 所示。

本例中的触发器是一个 UPDATE 触发器，它在 UPDATE 语句执行前介入，以执行额外的检查。该触发器展示了如何使用 OLD 和 NEW 两个虚拟表来分别访问更新前后的值。在 BEFORE UPDATE 触发器中，NEW 虚拟表中的值可以被修改，以改变即将用于更新的值，而 OLD 虚拟表中的值是只读的，不能被更新。

9.6.3 查看触发器

通过查看触发器可以获取数据库中现有触发器的详细信息，包括定义、状态和结构。可以使用多种方法来查看触发器的定义和属性。

1. 查看当前数据库所有触发器的概要信息

该方法的语法结构如下：

```
SHOW TRIGGERS;
```

2. 查看特定触发器的详细创建语句

该方法的语法结构如下：

```
SHOW CREATE TRIGGER 触发器名；
```

3. 从系统库 information_schema 的 triggers 表中获取更全面的触发器信息

该方法的语法结构如下：

```
SELECT *
FROM information_schema.triggers
WHERE TRIGGER_NAME = 触发器名；
```

【例 9.32】获取 market 数据库中触发器 tri_add_productsort 的详细定义。

在命令行中执行以下语句：

```
SHOW CREATE TRIGGER tri_add_productsort \G;
```

执行后，触发器的创建语句将被展示，以便检查或复制触发器定义，执行结果如图 9.26 所示。

```
*************************** 1. row ***************************
             Trigger: tri_add_productsort
            sql_mode: STRICT_TRANS_TABLES,NO_ENGINE_SUBSTITUTION
SQL Original Statement: CREATE DEFINER=`root`@`localhost` TRIGGER `tri_add_productsort` AFTER
INSERT ON `productsort` FOR EACH ROW SELECT '新增商品类别' INTO @message
  character_set_client: utf8mb3
  collation_connection: utf8_general_ci
     Database Collation: utf8_general_ci
             Created: 2022-04-30 10:45:50.00
1 row in set (0.00 sec)
```

图 9.26 例 9.32 的执行结果

【例 9.33】获取 market 数据库中触发器 tri_delete_prodcutsort 的信息。

在命令行中执行以下语句：

```
SELECT * FROM information_schema.triggers
WHERE TRIGGER_NAME = 'tri_delete_prodcutsort' \G;
```

执行后，将展示该触发器的相关信息，包括触发事件、触发时机等，执行结果如图 9.27 所示。

9.6.4 删除触发器

需要删除触发器时，使用 DROP TRIGGER 命令来移除数据库中不再需要的触发器。具体语法结构如下：

```
DROP TRIGGER [IF EXISTS] 触发器名；
```

使用 IF EXISTS 选项可以避免在触发器不存在时引发错误。

```
************************* 1. row *************************
           TRIGGER_CATALOG: def
            TRIGGER_SCHEMA: market
              TRIGGER_NAME: tri_delete_prodcutsort
         EVENT_MANIPULATION: DELETE
       EVENT_OBJECT_CATALOG: def
        EVENT_OBJECT_SCHEMA: market
         EVENT_OBJECT_TABLE: productsort
               ACTION_ORDER: 1
           ACTION_CONDITION: NULL
           ACTION_STATEMENT: BEGIN
INSERT INTO productsort_bk(sortid,sortname)
VALUES(OLD.sortid,OLD.sortname);
END
         ACTION_ORIENTATION: ROW
             ACTION_TIMING: BEFORE
ACTION_REFERENCE_OLD_TABLE: NULL
ACTION_REFERENCE_NEW_TABLE: NULL
  ACTION_REFERENCE_OLD_ROW: OLD
  ACTION_REFERENCE_NEW_ROW: NEW
                    CREATED: 2022-04-30 11:54:37.13
                   SQL_MODE: STRICT_TRANS_TABLES,NO_ENGINE_SUBSTITUTION
                    DEFINER: root@localhost
       CHARACTER_SET_CLIENT: utf8
       COLLATION_CONNECTION: utf8_general_ci
         DATABASE_COLLATION: utf8_general_ci
1 row in set (0.00 sec)
```

图 9.27   例 9.33 的执行结果

【例 9.34】删除触发器 tri_check_product_instock。

在命令行中执行以下语句：

```
DROP TRIGGER tri_check_product_instock;
```

执行这条命令后，tri_check_product_instock 触发器将从 market 数据库中删除。

 **任务 9.7**　游　　标　　

微课：游标　微课：游标
应用案例

9.7.1　游标的基本概念

游标是数据库中类似于 C 语言指针的结构，它允许在查询返回的结果集中逐行定位和操作数据。这种机制为 SQL 这种集合操作语言增加了执行过程化数据处理的能力，从而可以处理更为复杂的业务逻辑。在 MySQL 中，游标有限制，它不支持随机访问，仅支持从头到尾的顺序访问。

使用游标主要经历五个步骤：声明、打开、使用、关闭和释放。

9.7.2　声明游标

声明游标是定义要操作的结果集的第一步。游标由两部分组成：结果集（由 SELECT

语句返回的行集合）和游标位置（指向结果集中的当前行）。

声明游标的语法结构如下：

```
DECLARE 游标名 CURSOR FOR SELECT 语句；
```

⚠️ **注意**：游标声明必须位于存储过程的开始部分。

9.7.3 打开游标

声明游标后，必须打开游标以访问和操作结果集。打开游标将加载 SELECT 语句的结果集到游标的工作区。

打开游标的语法结构如下：

```
OPEN 游标名；
```

9.7.4 使用游标

游标打开后，可通过 FETCH 语句逐行读取结果集。

使用游标的语法结构如下：

```
FETCH 游标名 INTO 变量 1 [, 变量 2,...];
```

语法说明如下。

- FETCH 用于移动游标和读取当前行，然后将数据保存到指定变量中，游标随即移动到下一行。
- FETCH 操作常与循环结构结合使用，以便遍历整个结果集。

9.7.5 关闭和释放游标

关闭游标是为了结束对当前结果集的操作，并释放由游标占用的资源。在存储过程结束时，MySQL 将自动关闭游标，但显式关闭游标是一个良好的编程习惯。

游标在关闭后，如果又要使用，则需要再次打开，但是不需要再次声明。

关闭游标的语法结构如下：

```
CLOSE 游标名；
```

释放游标则是指从数据库系统中删除游标定义，彻底释放与游标相关的所有资源。这通常在游标不再需要时进行。

释放游标的语法结构如下：

```
DEALLOCATE 游标名；
```

⚠️ **注意**：释放游标的操作通常与数据库系统的实现有关，在一些数据库系统中可能不需要或者不提供显式的游标释放命令。

【**例 9.35**】创建存储过程 total_price_by_sortid_and_top_n，输入商品类别 sort_id 和商

品个数 top_n，计算该商品类别下价格排名前 top_n 的商品的价格总和。

在 SQL 编辑器中执行如下语句：

```
CREATE PROCEDURE total_price_by_sortid_and_top_n
    (IN sort_id CHAR(10), IN top_n INT, OUT total_price FLOAT)
BEGIN
    DECLARE tmp_price FLOAT DEFAULT 0;
    DECLARE i INT DEFAULT 1;
    DECLARE my_cursor CURSOR FOR
        SELECT price FROM product WHERE sortid = sort_id;
    ORDER BY price DESC;
    SET total_price = 0;
    OPEN my_cursor;
    WHILE i <= top_n DO
        FETCH my_cursor INTO tmp_price;
        SET total_price = total_price + tmp_price;
        SET i = i + 1;
    END WHILE;
    CLOSE my_cursor;
END
-- 调用存储过程并观察结果
CALL total_price_by_sortid_and_count('01',2,@sum);
SELECT @sum;
```

执行结果如图 9.28 所示。

图 9.28　例 9.35 的执行结果

9.7.6　游标溢出及处理

在使用游标进行循环处理时，需要定义退出条件，以避免读取完所有记录后继续尝试获取数据导致的溢出错误。在 MySQL 中，读取超出结果集范围的操作会触发一个名为 NOT FOUND 的预定义错误。可以通过定义一个预处理程序来处理这种情况，并决定是继续执行还是结束循环。

定义预处理程序的语法结构如下：

```
DECLARE CONTINUE HANDLER FOR NOT FOUND 处理语句;
```

【**例 9.36**】创建存储过程 total_price_by_sortid，输入商品类别 sort_id，计算该商品类别下所有商品的价格总和。

在 SQL 编辑器中执行如下语句：

```
CREATE PROCEDURE total_price_by_sortid (IN sort_id CHAR(10), OUT
total_price FLOAT)
BEGIN
    DECLARE tmp_price FLOAT DEFAULT 0;
    DECLARE done INT DEFAULT 0;
    DECLARE my_cursor CURSOR FOR
        SELECT price FROM product WHERE sortid = sort_id;      # 声明游标
    DECLARE CONTINUE HANDLER FOR NOT FOUND
        SET done = 1;          # 定义处理程序：当游标读取完成后，设置 done 标志为 1
    SET total_price = 0;
    OPEN my_cursor;                                              # 打开游标
    my_loop:LOOP
        FETCH my_cursor INTO tmp_price;                         # 使用游标
        IF done = 1 THEN
            LEAVE my_loop;
        ELSE
            SET total_price = total_price + tmp_price;
        END IF;
    END LOOP my_loop;
    CLOSE my_cursor;                                            # 关闭游标
END
-- 调用存储过程并观察结果
CALL total_price_by_sortid('01',@sum);
SELECT @sum;
```

执行结果如图 9.29 所示。

图 9.29　例 9.36 的执行结果

通过以下 SQL 语句，可以验证存储过程计算的正确性：

```
SELECT SUM(price)
FROM product
WHERE sortid='01';
```

⚠ **注意**：声明变量、游标和处理程序的顺序非常重要，必须先声明变量，然后是游标，最后是处理程序。

◆ 项目任务单 ◆

在本项目中，我们深入探讨了数据库编程的核心概念和技术，包括常量与变量的使用、流程控制语句、存储过程、存储函数、触发器、异常处理和游标的应用；学习了如何通过这些编程工具和技术来增强数据库的功能性和灵活性，以及如何利用它们来实现复杂的数据处理和业务逻辑。此外，还探讨了如何通过编写高效的数据库代码来提高数据处理的效率。为了检验读者对数据库编程概念的理解和掌握程度，请完成以下任务。

1. 请写出存储函数与存储过程的区别及其各自的优势。

2. 解释触发器的作用、类型和使用场景。

3. 介绍游标的概念、作用和使用场景，并创建一个示例，展示如何在存储过程中使用游标来处理数据集。

◆ 拓 展 任 务 ◆

数据库技术是信息技术领域的核心组成部分，经历了从文件系统到关系数据库管理系统（RDBMS），再到 NoSQL 和 NewSQL 等的发展过程。请通过网络资源，如教育平台、专业博客、论坛和学术文献等渠道，搜集有关数据库技术发展的资料和信息。分析不同时期的 DBMS 的特性及其对应用开发带来的影响。关注当前流行的 DBMS（如 MySQL、PostgreSQL、MongoDB 等）及其在现实世界中的使用情况。编写一篇至少 1000 字的总结报告，标题为《从过去到未来：数据库技术演进之路》。报告需包含以下部分：引言、历史回顾、现状分析、未来趋势预测及结语。引用参考资料，并附上链接或出处。

项目 10

用户与权限管理

项目目标

- 理解 MySQL 数据库中的权限和用户管理；
- 掌握 MySQL 数据库用户和权限管理的基本 SQL 语法；
- 能够根据用户需求和系统安全性要求，为 MySQL 数据库设计有效的用户管理和权限控制策略。

项目描述

用户与权限管理在数据库安全架构中扮演着至关重要的角色。它不仅确保了数据库中敏感信息的安全，也为不同层级的用户提供了细粒度的访问控制。正确的权限管理机制能够有效地防止数据泄露、滥用及其他安全风险，从而为整个数据库系统的稳定性和可靠性提供坚实保障。

在本项目中，我们将首先学习如何创建新用户并为其分配合适的权限，以允许其在数据库中执行特定的操作。接下来，将深入了解不同级别的权限（如数据库级和表级权限）及如何精确授予或撤销这些权限。通过完成本项目，读者将能够熟练地进行用户和权限管理，包括创建用户、分配角色、授予和撤销权限，以及监控和维护数据库的安全性。

任务 10.1 访问控制

在数据库管理中，访问控制是一项核心功能，它确保只有授权用户能够访问或修改数据。正确配置的访问控制策略可以帮助防止未授权的数据访问和潜在的数据泄露。这些需求来源于在 marbet 网上菜场系统设计初期的数据安全需求分析。

以下是一些实际场景，它们展示了为什么需要精细化的访问控制。

（1）在 Market 网上菜场系统中，售货员需要添加新的产品信息和更新库存，但是他们不应该拥有删除产品记录的权限。这是因为删除操作通常需要更多地审查并记录，以确保数据的准确性和可追溯性。

（2）财务审计员的职责是进行财务审核和生成报告，他们只需要读取交易和账务数据的权限。这样的访问控制策略有助于保护敏感的财务信息不被篡改。

（3）配送员在系统中只需要访问订单配送信息的权限，以便他们能够查看和更新订单状态，但他们不应有权访问或修改其他敏感数据。这种访问控制有助于确保数据的安全，并防止信息泄露或误操作。

（4）对于数据库的管理任务，如创建用户、分配角色等，应当由具备足够权限的数据库管理员来执行。这样可以避免权限的滥用，并且可以通过集中管理来降低安全风险。

（5）通过实施存储过程，Market 网上菜场系统的管理员可以限制用户对敏感数据表的直接访问，而是通过预定义的过程来执行特定的数据操作，从而增加了安全性和控制。

（6）系统管理员可以设置基于用户登录地点的访问控制策略，例如，只允许从内部网络访问敏感数据，而在公共场所则限制这些操作。

通过上述示例，我们可以看到访问控制不仅仅是关于开放或限制权限，而是要根据业务需求、安全策略和用户的角色来精细化地管理权限。这确保了数据库的安全性，同时也提高了操作的灵活性。

任务 10.2 用 户 管 理

微课：用户管理

MySQL 存储用户账号和权限信息在名为 mysql 的系统数据库中。通常无须直接操作这些表，除非要获取所有用户列表。其中的 user 表包含所有的用户账号信息，user 列保存了用户的登录名。

【例 10.1】列出所有用户。

在命令行中执行以下语句：

```
USE mysql;
SELECT user FROM user;
```

执行结果如图 10.1 所示。

```
+------------------+
| user             |
+------------------+
| mysql.infoschema |
| mysql.session    |
| mysql.sys        |
| root             |
+------------------+
4 rows in set (0.00 sec)
```

图 10.1　查看 MySQL 用户
账号信息 1

10.2.1　登录 MySQL 服务器

启动 MySQL 服务后，可以通过 mysql 命令来登录 MySQL 服务器，具体 SQL 语法结构如下：

```
mysql -h 主机名 | 主机 IP -P 端口 -u 用户名 -p 密码 -D 数据库名 -e "SQL 语句"
```

各参数说明如下。

● -h 参数指定主机名或 IP。

- -P 参数指定端口，默认为 3306。
- -u 参数指定用户名。
- -p 参数提示输入密码。
- -D 参数指定登录数据库，默认为 mysql 数据库。
- -e 参数允许直接执行 SQL 语句并退出。

【例 10.2】作为一名数据库管理员，需要检查本地 MySQL 数据库服务器的 mysql 数据库中，当前 user 表里有哪些用户及其对应的主机名。请使用命令行客户端来完成这个任务，MySQL 服务器运行在默认端口 3306 上。请编写一条能够实现此目的的 SQL 命令。

在命令行中执行以下语句：

```
mysql -uroot -p -hlocalhost -P3306 mysql -e "select host,user from user"
```

语法说明如下。

- mysql 是调用 MySQL 命令行客户端的命令。
- -uroot 指定使用 root 用户来登录。
- -p 提示输入 root 用户的密码。
- -hlocalhost 指定连接到本地主机。
- -P3306 指定连接到服务器上运行的 MySQL 实例的端口号 3306。
- mysql 是要连接的数据库名。
- -e 是执行后面的 SQL 语句。
- "select host, user from user;" 是要执行的 SQL 查询，它从 user 表中选出所有用户及其对应的主机名。

运行此命令后，系统会提示输入 root 用户的密码。正确输入密码之后，命令会被执行，并显示 user 表中的 host 和 user 字段。

⚠ **注意**：应谨慎使用 root 账户登录，仅在必要时使用。

10.2.2 创建用户

在 MySQL 中，可以使用 CREATE USER 语句创建新用户。以下是基本的 SQL 语法结构：

```
CREATE USER '用户名'@'主机名' IDENTIFIED BY '密码';
```

语法说明如下。

- 用户名和主机名共同构成了新建用户的账户标识，形式为 ' 用户名 '@' 主机名 '。
- IDENTIFIED BY ' 密码 ' 是可选的。如果提供这一选项，用户在登录时需要提供密码。如果不提供密码，用户将可以不经密码验证直接登录，但这种做法通常是不安全的，因此并不推荐。
- CREATE USER 命令可以一次性创建多个用户，只需用逗号分隔每个用户及其选项。

【例 10.3】创建一个名为 sushi 且无须主机名指定的用户，设置密码为 123123。

在命令行中执行以下语句：

```
CREATE USER sushi IDENTIFIED BY '123123';
```

【例 10.4】创建一个名为 libai 的用户，仅允许从 localhost（本地）登录，设置密码为 123456。

在命令行中执行以下语句：

```
CREATE USER 'libai'@'%' IDENTIFIED BY '123456';
```

MySQL 通过组合用户名和主机名来定义用户权限。如果在创建用户时未指定主机名，则默认使用通配符 %，这意味着用户可以从任意主机登录。

为了查看已创建的用户账号信息，可以使用以下 SQL 语句查询验证新用户：

```
USE mysql;
SELECT user FROM user;
```

执行上述语句将会列出 MySQL 用户账号信息，显示用户名及其对应的主机名，如图 10.2 所示。

为了保证安全性，应该避免使用简单或常见的密码，并且只在必要时为用户分配远程访问权限。此外，对于管理数据库的用户，应该按照最小权限原则授予权限，仅提供完成工作所需的最少权限。

```
+------------------+
| user             |
+------------------+
| sushi            |
| libai            |
| mysql.infoschema |
| mysql.session    |
| mysql.sys        |
| root             |
+------------------+
6 rows in set (0.00 sec)
```

图 10.2　当前 MySQL 用户账号信息

10.2.3　修改用户名

要修改用户名，可以使用 RENAME USER 或 UPDATE 命令。

1. 使用 RENAME USER 命令

具体 SQL 语法结构如下：

```
RENAME USER '当前用户名'@'主机名' TO '新用户名'@'主机名';
```

【例 10.5】在 MySQL 数据库中将用户 sushi 重命名为 su_shi。
在命令行中执行以下语句：

```
RENAME USER sushi TO su_shi;
```

2. 使用 UPDATE 命令

具体 SQL 语法结构如下：

```
UPDATE mysql.user SET USER='新用户名' WHERE USER='当前用户名';
FLUSH PRIVILEGES;
```

【例 10.6】更改 MySQL 中的用户名 libai 为 li_bai 并应用更改。
在命令行中执行以下语句：

```
UPDATE mysql.user
SET USER='li_bai'
```

```
WHERE USER='libai';
FLUSH PRIVILEGES;
```

⚠️ **注意：** 在使用 UPDATE 命令后，必须执行 FLUSH PRIVILEGES 以应用更改。

10.2.4 删除用户

如果需要删除一个用户账号及其相关的权限，可以通过以下两种方式实现。

1. 使用 DROP USER 删除

DROP USER 命令是用一种简单而直接的方式来删除一个用户账号及其所有的权限。使用该语句时，执行者必须具备 DROP USER 权限。该命令的基本 SQL 语法结构如下：

```
DROP USER 用户1 [,用户2]...;
```

【例 10.7】删除用户 li_bai。

在命令行中执行以下语句：

```
DROP USER 'li_bai'@'%';
```

可以查询 MySQL 数据库的 user 表来验证用户是否已被删除，执行结果如图 10.3 所示。

2. 使用 DELETE 方式删除

另一种删除用户的方法是使用 DELETE 命令直接从 mysql.user 表中删除记录。其基本 SQL 语法结构如下：

```
+------------------+
| user             |
+------------------+
| su_shi           |
| mysql.infoschema |
| mysql.session    |
| mysql.sys        |
| root             |
+------------------+
5 rows in set (0.00 sec)
```

图 10.3　删除相应用户后的 MySQL 用户账号信息

```
DELETE FROM mysql.user
WHERE host='主机名' AND user='用户名';
```

【例 10.8】删除创建在所有主机上（即 %）的用户 su_shi。

在命令行中执行以下语句：

```
DELETE FROM mysql.user
WHERE host='%' AND user='su_shi';
```

删除用户后，需要执行 FLUSH PRIVILEGES 命令来重新加载权限表，并使更改生效。

⚠️ **注意：** 使用 DELETE 命令删除用户时可能不会删除所有与用户相关的权限，这可能导致系统中有残留的权限记录。通常推荐使用 DROP USER 命令，因为它会删除用户账号及该用户的所有权限。执行 DROP USER 命令后，mysql.user 表和 mysql.db 表中与该用户相关的记录都会被清除。

10.2.5 修改其他用户密码

在 MySQL 数据库中，管理员或具有适当权限的用户可能需要修改其他用户的密码。这可以通过以下两种方式实现。

1. 使用 ALTER USER 命令修改密码

ALTER USER 命令是一种更改用户密码的标准方式，其语法较为直观。该命令的基本 SQL 语法结构如下：

```
ALTER USER 用户 IDENTIFIED BY '新密码';
```

【例 10.9】重新创建用户 sushi，并尝试修改 sushi 的密码。

在命令行中执行以下语句：

```
-- 创建用户
CREATE USER sushi IDENTIFIED BY '123123';
-- 修改用户密码
ALTER USER 'sushi' IDENTIFIED BY '123456';
```

2. 使用 SET PASSWORD 命令修改密码

当以 root 用户或具有相应权限的用户登录到 MySQL 服务器时，可以使用 SET PASSWORD 命令来修改普通用户的密码。基本 SQL 语法结构如下：

```
SET PASSWORD FOR '用户名'@'主机名'='新密码';
```

【例 10.10】重新创建用户 li_bai，使用 SET PASSWORD 命令修改用户 li_bai 的密码。

在命令行中执行以下语句：

```
-- 创建用户
CREATE USER 'li_bai'@'%' IDENTIFIED BY '123456';
-- 修改用户密码
SET PASSWORD FOR 'li_bai'@'%' = 'abc123';
FLUSH PRIVILEGES;
```

在使用 SET PASSWORD 之后，建议重新加载权限表，以确保密码被更改且立即生效。

⚠️ 注意：

① 在修改密码时，应确保新密码符合安全标准，新密码通常是包括大小写字母、数字和特殊字符的组合，并且长度适中。

② 在实际操作中，应避免在客户端命令行中直接暴露明文密码。考虑使用 mysql_config_editor 设置加密的登录路径，或在命令行提示符下输入密码。

10.2.6 修改当前用户密码

在 MySQL 数据库中，用户可能需要修改自己的密码以维护账户安全。当前登录用户可以通过两种方式来更改自己的密码。

1. 使用 SET PASSWORD 命令

登录用户可以使用 SET PASSWORD 命令来更改自己的密码，无须指定用户名。该命令的基本 SQL 语法结构如下：

```
SET PASSWORD = '新密码';
```

【例 10.11】修改当前登录用户 root 的密码。

在命令行中执行以下语句：

```
SET PASSWORD = 'abc123';
```

在执行该命令后，用户 root 的密码会立即被更新为新设定的密码。

2. 使用 mysqladmin 工具

另一种更改密码的方法是使用 mysqladmin 工具，这是一个命令行工具，允许用户执行管理操作。使用此工具更改密码的 SQL 语法结构如下：

```
mysqladmin -u '用户名' -p 旧密码 password 新密码
```

【例 10.12】使用 mysqladmin 工具修改当前登录用户的密码。

在操作系统的命令行（Shell）中运行以下语句：

```
mysqladmin -u root -p password 123456;
```

这条命令意味着使用 mysqladmin 工具来更改 root 用户的密码。-u root 表明更改的是 root 用户的密码，-p 表示它会提示输入当前的密码，password '123456' 是新密码。

⚠️ 注意：

① 建议定期更换密码，并确保新密码的强度高，以防止未授权访问。

② 如果忘记了当前密码，将无法使用上述方法更改密码。在这种情况下，需要联系数据库管理员或通过其他恢复流程来重置密码。

任务 10.3　权 限 管 理

微课：权限管理

在创建用户账号后，为保证数据库的安全性与数据的正确性，接下来的关键步骤是分配恰当的访问权限。新创建的用户账号默认无任何权限；他们可以登录 MySQL，但无法查看任何数据或执行数据库操作。

10.3.1　授予权限

用户是数据库的直接使用者，通过精确地给用户授予访问数据库资源的权限，可以控制他们对数据库的访问，有效消除安全隐患。使用 GRANT 语句设置权限时，需要至少指定以下信息：

（1）要授予的权限；

（2）被授予权限的数据库或表；

（3）用户名。

具体 SQL 语法结构如下：

```
GRANT 权限1, 权限2,... 权限 n ON 数据库名称 . 表名称 TO 用户名 @ 用户地址
[IDENTIFIED BY '密码口令'];
```

【例 10.13】授予用户 li_bai 在本地命令行方式下，对 sakila 数据库下所有表有查询、插入、删除和更新的权限。

在 SQL 编辑器中执行如下语句：

```
GRANT SELECT,INSERT,DELETE,UPDATE ON sakila.* TO 'li_bai'@'%';
FLUSH PRIVILEGES;
```

【例 10.14】在 market 数据库中，创建配送员用户 delivery_guy，并授权其只对订单状态进行更新的权限，而不允许查看客户的敏感信息。

在 SQL 编辑器中执行如下语句：

```
USE market;
CREATE USER 'delivery_guy'@'%' IDENTIFIED BY '123456';
GRANT UPDATE ON market.orders TO 'delivery_guy'@'%';
FLUSH PRIVILEGES;
```

执行上面的代码后，首先创建了一个名为 delivery_guy 的新用户，允许其通过 localhost 登录并设置了密码 123456。然后，授予 delivery_guy 用户对 market 数据库中 orders 表进行更新（UPDATE）的权限。最后，执行 FLUSH PRIVILEGES 命令是为了确保权限的更改立即生效，这是因为 MySQL 服务器会重新加载权限表。

⚠️ **注意**：开发应用时，常需根据用户角色对数据进行横向和纵向的权限分组。

① 横向分组指用户可以接触到的数据范围，如哪些表的数据。

② 纵向分组指用户对数据的操作权限深度，如只读、可修改或可删除等。

10.3.2 查看用户权限

为了查看已赋予用户的权限，可以使用 SHOW GRANTS FOR 命令。具体的 SQL 语法结构如下：

```
SHOW GRANTS FOR 用户名;
```

【例 10.15】检查用户 sushi 的权限。

在命令行中执行以下语句：

```
SHOW GRANTS FOR sushi;
```

```
+--------------------------------+
| Grants for sushi@%             |
+--------------------------------+
| GRANT USAGE ON *.* TO `sushi`@`%` |
+--------------------------------+
1 row in set (0.00 sec)
```

图 10.4　SHOW GRANTS FOR 命令

执行结果如图 10.4 所示。

输出结果显示用户 sushi 有一个权限 USAGE ON。USAGE 表示根本没有权限，所以，此结果表示在任意数据库和任意表上对任何东西没有权限。

如果已经以某个用户身份登录并且想查看该用户的权限，可以简单地使用：

```
SHOW GRANTS;
```

10.3.3 收回权限

收回权限意味着取消已赋予用户的某些权限，以保证系统的安全性。使用 REVOKE 语句来实现。具体 SQL 语法结构如下：

```
REVOKE 权限1, 权限2,... 权限n ON 数据库名称 . 表名称 FROM 用户名@用户地址 ;
```

【例 10.16】收回用户 li_bai 对所有数据库和表的所有权限 .
在 SQL 编辑器中执行如下语句：

```
REVOKE ALL PRIVILEGES ON *.* FROM 'li_bai'@'%';
```

这条 REVOKE 语句取消刚赋予用户 li_bai 的所有权限。被撤销的访问权限必须存在，否则会出错。

⚠️ **注意：**
① 在删除用户账户前，应收回该用户的所有权限。
② 用户权限变更后，需用户重新登录以生效。

10.3.4 权限列表

在 MySQL 中，可以通过使用 SHOW PRIVILEGES 命令查看数据库支持的所有权限列表。这些权限允许用户在数据库上执行各种操作，从而实现对数据库的精细管理和控制。以下是 MySQL 中一些主要权限的详细说明。

1. CREATE 和 DROP 权限
（1）CREATE 权限允许用户创建新的数据库和表。
（2）DROP 权限允许用户删除现有的数据库和表。

⚠️ **注意：** 如果一个用户拥有对某数据库的 DROP 权限，该用户可以删除存储 MySQL 访问权限的数据库，因此应谨慎授予此权限。

2. SELECT、INSERT、UPDATE 和 DELETE 权限
（1）SELECT 权限允许用户查询数据库表中的数据。
（2）INSERT 权限允许用户向表中添加新记录。
（3）UPDATE 权限允许用户修改表中现有记录的数据。
（4）DELETE 权限允许用户从表中删除记录。

3. INDEX 权限
INDEX 权限允许用户创建或删除针对数据库表的索引。如果用户同时拥有表的 CREATE 权限，就可以在创建表的语句（CREATE TABLE）中包含索引的定义。

4. ALTER 权限
ALTER 权限允许用户使用 ALTER TABLE 命令修改表结构，如添加或删除列、更改

数据类型、重命名表等。

5. CREATE ROUTINE、ALTER ROUTINE 和 EXECUTE 权限

（1）CREATE ROUTINE 权限允许用户创建存储过程和函数。

（2）ALTER ROUTINE 权限允许用户修改或删除现有的存储过程和函数。

（3）EXECUTE 权限允许用户执行存储过程和函数。

6. GRANT OPTION 权限

GRANT OPTION 权限允许用户将自己拥有的权限授予其他用户，这适用于数据库、表、视图、存储过程和函数等对象。

7. FILE 权限

FILE 权限允许用户使用 LOAD DATA INFILE 和 SELECT…INTO OUTFILE 命令读取或写入服务器上的文件。任何被授予 FILE 权限的用户可以读取或写入 MySQL 服务器所能访问的任何文件，包括数据库目录下的文件。由于此权限允许访问服务器文件系统，所以授予用户此权限时应非常谨慎。

通过理解和正确地应用这些权限，数据库管理员可以确保用户只能执行其需要执行的数据库操作，从而保证数据库的安全性和完整性。在实际应用中，建议遵循最小权限原则，即仅授予用户完成其任务所需的最少权限，以减少安全风险。

10.3.5　授予权限的原则

为了保障数据库安全，需要遵循以下经验原则。

（1）最小权限原则：只授予满足用户需求的最小权限，如仅需要查询数据的用户，只授予 SELECT 权限。例如，在 Market 网上菜场系统中，普通购物者只需查看商品信息，因此仅授予他们 SELECT 权限；而库存管理人员需要更新库存数据，可以授予 UPDATE 权限。

（2）限制登录来源：限制用户的登录来源，如特定的 IP 地址或内网 IP 段，避免未经授权的外部访问。

（3）强化密码策略：为每个用户设置复杂且定期更换的密码，以提升账户安全性。

（4）定期权限审计：定期审计用户权限，确保它们仍符合业务需求和安全策略，并清理不必要的用户，回收权限或删除账户。

（5）角色和责任分离：基于角色来分配权限，并确保责任分离，避免权限集中。例如，在 Market 网上菜场系统中，将采购员、销售员和管理员的职责区分开，分别分配相应的数据库权限，防止单个用户具有过多的权限集中。

（6）权限变更管理：实施严格的权限变更管理流程，所有权限的赋予、变更和回收都应有明确的记录。

（7）使用权限过期机制：对于临时权限，设置自动过期机制，确保在预定时间后权限被自动回收。例如，对于 Market 网上菜场系统中的临时促销活动的管理员权限，应设置自动到期，使权限在活动结束后自动撤销。

（8）限制特权用户数量：尽量减少拥有高级别权限的用户数量，以降低风险。

（9）多因素身份验证：对于访问敏感数据或重要资源的用户，实施多因素身份验证。

（10）加密通信：强制使用 SSL/TLS 加密客户端和数据库服务器之间的通信，保护传输数据的安全。

（11）日志审计：对敏感操作进行日志记录和审计，以便追溯和责任归属。例如，对 Market 网上菜场系统中的关键操作，如价格变动、订单处理等进行日志记录和审计，确保操作透明和可追溯。

（12）精细化权限分配：确保权限分配尽可能精细，限制用户只能访问其确实需要的数据和资源。

遵循这些原则能够更好地控制和管理数据库权限，从而降低安全风险，提高数据库的整体安全防护水平。

任务 10.4　角 色 管 理

微课：角色管理

10.4.1　认识角色

角色是数据库安全性和易管理性的基石，引入角色能够简化权限管理，如图 10.5 所示。角色可以被看作一组权限的集合，可被指派给多个用户，这样，当需要修改权限时，只需修改角色的权限，而无需对每个用户逐一操作，这在处理具有相似职责的用户群体时特别有用。

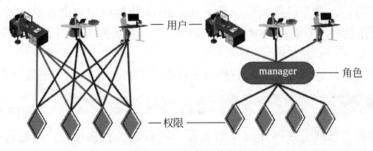

图 10.5　角色的作用

10.4.2　创建角色

角色的命名应清晰反映其职责，使用 CREATE ROLE 命令创建，其具体的 SQL 语法结构如下：

```
CREATE ROLE '角色名'[@'主机名'] [,'角色名'[@'主机名']];
```

其中，主机名用于指定角色可以在哪些主机上使用。如果省略主机名，使用默认值 %，表示角色可以在任何主机上使用。

角色名是必须提供的，且不可为空。

【例 10.17】为 Market 网上菜场系统创建一个经理角色，使其管理多个部门。

在 SQL 编辑器中执行如下语句：

```
CREATE ROLE 'manager'@'%';
```

10.4.3 给角色赋予权限

为系统中的不同职责创建了各自的角色后，必须为其分配相应的权限，以确保这些角色能够执行其职责所需的数据库操作。因为新创建的角色默认是没有任何权限的，因此需要明确地为其授权。为角色授权的 SQL 语法结构如下：

```
GRANT 权限列表 ON 表名 TO '角色名' [@' 主机名 '];
```

其中，权限列表指定角色所能执行的操作，如 SELECT、INSERT、UPDATE 等；数据库对象通常是指定数据库中的某张表或者数据库本身；角色名和主机名用于指定赋予权限的角色及其登录主机限制。

【例 10.18】给角色 manager 授予 market 数据库中的商品（product）表、客户（customer）表和订单（orders）表的只读权限（只读权限通常意味着赋予 SELECT 操作的权限）。

在 SQL 编辑器中执行如下语句：

```
GRANT SELECT ON market.product TO 'manager';
GRANT SELECT ON market.customer TO 'manager';
GRANT SELECT ON market.orders TO 'manager';
```

通过上述语句，就为经理角色赋予了在 market 数据库中查询商品、客户和订单信息的权限，这样角色的持有者在登录系统后能够查看这些表的内容但无法进行修改、删除或插入操作。

如果希望通过一条 SQL 语句授权所有表的只读权限，也可以使用数据库级别的授权：

```
GRANT SELECT ON market.* TO 'manager'@'%';
```

这样，经理角色就会获得 market 数据库中所有表的查询权限。通过这种方式，可以更高效地管理角色的权限，确保系统的安全性和角色分工的明确性。

10.4.4 查看角色的权限

在为角色分配了相应的权限后，有时需要验证这些权限是否已经正确地被授予。为此，MySQL 提供了 SHOW GRANTS 命令，用于显示特定用户或角色的权限信息。使用 SHOW GRANTS 命令可以帮助确保权限设置正确，从而避免潜在的安全问题或访问控制问题。

【例 10.19】查看角色 manager 的权限。

在命令行中执行以下语句：

```
SHOW GRANTS FOR 'manager';
```

执行结果如图 10.6 所示。

```
+------------------------------------------------------------+
| Grants for manager@%                                       |
+------------------------------------------------------------+
| GRANT USAGE ON *.* TO `manager`@`%`                        |
| GRANT SELECT ON `market`.`customer` TO `manager`@`%`       |
| GRANT SELECT ON `market`.`orders` TO `manager`@`%`         |
| GRANT SELECT ON `market`.`product` TO `manager`@`%`        |
+------------------------------------------------------------+
4 rows in set (0.00 sec)
```

图 10.6　角色 manager 的权限

在这个结果中，USAGE 权限是一个特殊的权限，它意味着该角色没有被授予任何具体的数据库对象操作权限，但被允许连接到数据库服务器。这通常是为新角色自动设置的默认权限。其他几行显示了经理角色被授予对 market 数据库中的 product 表、customer 表和 orders 表的 SELECT 权限，即只读访问。

⚠ **注意**：结果中的 manager 后面跟着的 @'%' 表示这个角色的权限可以从任何主机上访问。如果在授予权限时指定了具体的主机名，则这里也会相应地显示。

通过查看角色的权限，可以进行权限审计，确保每个角色只拥有执行其职责所必需的最小权限集合，这是遵循最小权限原则的一个重要步骤。

10.4.5　收回角色的权限

在数据库管理中，可能出于安全考虑或权限调整的需求，需要对已授予角色的权限进行修改或收回。在 MySQL 中，除了可以使用 GRANT 命令添加权限外，还可以通过 REVOKE 命令来收回之前授予角色的特定权限。

收回角色权限的基本 SQL 语法结构如下：

```
REVOKE 权限列表 ON 表名 FROM '角色名';
```

语法说明如下。
- 权限列表：想要收回的权限，如 SELECT、INSERT、UPDATE 等。
- 数据库对象：权限类型作用的目标对象，可以是表名、数据库名或用 *.* 表示所有数据库和表。
- 角色名：之前被授予权限的角色名。

【**例 10.20**】撤销 manager 角色在 market 数据库中的 customer 表的 SELECT 权限。
在命令行中执行以下语句：

```
REVOKE SELECT ON market.customer FROM 'manager';
```

执行完上述命令后，manager 角色将不再具有查询 market 数据库中的 customer 表的权限。为了验证权限收回是否成功，可以再次使用 SHOW GRANTS 命令查看 manager 角色的当前权限：

```
SHOW GRANTS FOR 'manager';
```

执行结果如图 10.7 所示。

```
+-------------------------------------------------------+
| Grants for manager@%                                  |
+-------------------------------------------------------+
| GRANT USAGE ON *.* TO `manager`@`%`                   |
| GRANT SELECT ON `market`.`orders` TO `manager`@`%`    |
| GRANT SELECT ON `market`.`product` TO `manager`@`%`   |
+-------------------------------------------------------+
3 rows in set (0.00 sec)
```

图 10.7　撤销角色 manager 的 SELECT 权限

⚠️ **注意：**

① 收回权限时，请确保正确指定权限类型和数据库对象，以防止意外收回不应该撤销的权限。

② 修改角色权限后，所有拥有该角色的用户的相应权限都会受到影响。因此，在执行权限收回操作前需要谨慎评估。

③ 如果角色是通过某些权限模板授予的，那么收回角色权限时，所有通过该模板授予的相同权限也将被收回。

④ 角色和权限管理是确保数据库安全的重要环节，应该定期对数据库进行权限审计，以维持最佳的安全实践。

10.4.6　删除角色

在数据库管理过程中，随着业务的演变和角色职责的调整，有时需要删除不再需要的角色。删除不必要的角色有助于简化权限管理，保持安全性，并减少未使用角色带来的潜在风险。在 MySQL 中，删除角色可以使用 DROP ROLE 命令。

删除角色的具体 SQL 语法结构如下：

```
DROP ROLE IF EXISTS 角色 1 [,角色 2...];
```

【例 10.21】删除 manager 角色。

在命令行中执行以下语句：

```
DROP ROLE 'manager';
```

执行这条语句后，manager 角色将被从系统中删除。任何之前关联到这个角色的权限都会随着角色的删除而失效。

⚠️ **注意：**

① 在删除角色之前，应确保没有用户仍在依赖该角色。一旦角色被删除，所有通过该角色授予的权限将立即被回收，相关用户将无法再执行之前由该角色授权的操作。

② 在自动化脚本中使用 DROP ROLE 时，使用 IF EXISTS 可以防止脚本因尝试删除不存在的角色而失败。

③ 确保在删除角色之前已经移除了所有依赖该角色的数据库对象和用户关联，以免造成不必要的混乱或问题。

10.4.7　给用户赋予角色

使用 GRANT 语句可以将一个或多个角色授予一个或多个用户，其具体 SQL 语法结构如下：

```
GRANT 角色名 TO 用户名@宿主名;
```

【例 10.22】重新创建 manager 角色，并赋予相关权限，然后给 sushi 用户添加角色 manager 权限。

在命令行中执行以下语句：

```
-- 创建角色
CREATE ROLE 'manager'@'%';
-- 授予角色权限
GRANT SELECT ON market.* TO 'manager'@'%';
-- 为角色添加用户
GRANT 'manager' TO 'sushi'@'%';
```

为了验证角色是否成功赋予，可以查看用户的权限：

```
SHOW GRANTS FOR 'sushi'@'%';
```

执行结果如图 10.8 所示。

在尝试使用 sushi 用户登录数据库时可能会遇到错误提示，这是因为客户端不支持 MySQL 8 默认的加密方式（caching_sha2_password）。为了解决这个问题，可以将用户的加密方式修改为 mysql_native_password，SQL 语句如下：

```
+----------------------------------+
| Grants for sushi@%               |
+----------------------------------+
| GRANT USAGE ON *.* TO `sushi`@`%` |
| GRANT `manager`@`%` TO `sushi`@`%` |
+----------------------------------+
2 rows in set (0.00 sec)
```

图 10.8　给用户授予角色

```
ALTER USER 'sushi'@'%' IDENTIFIED WITH mysql_native_password BY '新密码';
```

这个语句将用户 sushi 的密码设置为新密码，并将加密方式更改为 mysql_native_password。

⚠️ 注意：

① 赋予角色时，确保有足够的权限来执行 GRANT 语句。

② 修改用户的加密方式时，需要有权限修改用户账户。

③ 在生产环境中，应避免使用 mysql_native_password 加密方式，因为它不如 caching_sha2_password 安全。

10.4.8　激活角色

在 MySQL 中，用户被赋予角色后，角色需要被激活才能使用其权限。以下是两种激活用户角色的方法。

1. 使用 SET DEFAULT ROLE 命令激活角色

具体 SQL 语法格式如下：

```
SET DEFAULT ROLE 角色 TO 用户名@宿主名;
```

【例 10.23】激活用户 sushi 的所有角色。

在命令行中执行以下语句：

```
SET DEFAULT ROLE ALL TO 'sushi'@'%';
```

2. 使用系统变量 activate_all_roles_on_login 进行全局设置

查询当前角色设置，SQL 语句如下：

```
SHOW VARIABLES LIKE 'activate_all_roles_on_login';
```

执行结果如图 10.9 所示。

修改角色设置，SQL 语句如下：

```
SET GLOBAL activate_all_roles_on_login=ON;
```

```
+-----------------------------+-------+
| Variable_name               | Value |
+-----------------------------+-------+
| activate_all_roles_on_login | OFF   |
+-----------------------------+-------+
1 row in set, 1 warning (0.01 sec)
```

图 10.9 查询当前角色

当全局变量 activate_all_roles_on_login 设置为 ON 时，所有用户在登录后将自动激活其所有角色。激活用户 sushi 的所有角色后，可以在命令行中执行下列语句来测试用户 sushi 针对 market 数据库的操作权限。

```
-- 登录 mysql 服务器
mysql -usushi -p
Enter password: ******
-- 切换当前数据库为 market
mysql> use market;
Database changed
-- 查询 productsort 表中所有记录
mysql> SELECT * FROM productsort;
+--------+--------------+
| sortId | sortName     |
+--------+--------------+
| 03     | 水产海鲜专区 |
| 02     | 水果专区     |
| 04     | 肉禽专区     |
| 13     | 蔬菜专区     |
| 05     | 酒饮专区     |
+--------+--------------+
5 rows in set (0.01 sec) -- 执行成功
-- 删除 prodcutsort 表中 sortid 为 01 的类别信息
```

```
mysql> DELETE FROM productsort
    -> WHERE sortid='01';
ERROR 1142 (42000): DELETE command denied to user 'sushi'@'localhost'
for table 'productsort' -- 失败，没有执行删除操作的权限
```

10.4.9　撤销用户的角色

如果需要撤销用户的某个角色，可以使用 REVOKE 命令，其具体的 SQL 语法结构如下：

```
REVOKE 角色 FROM 用户名@宿主名;
```

【例 10.24】撤销用户 sushi 的 manager 角色。

在命令行中执行以下语句：

```
REVOKE 'manager' FROM 'sushi'@'%';
```

然后，可以使用 SHOW GRANTS 命令来确认角色是否被成功撤销：

```
SHOW GRANTS FOR 'sushi'@'%';
```

执行结果如图 10.10 所示。

⚠ **注意**：在实际操作中，需要具有足够的权限来修改用户和角色的权限设置。在设置全局变量时，应当考虑到它可能会影响数据库的所有用户，因此在生产环境中应该谨慎操作。

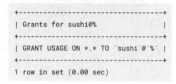

图 10.10　撤销 sushi 用户的 manager 角色

◆ 项目任务单 ◆

在本项目中，我们深入了解了用户与权限管理在数据库系统中的重要性，学习了如何合理配置和管理用户权限以保证数据安全性和系统稳定性。探讨不同数据库系统中用户账户的创建、权限的分配与回收、角色的使用及安全策略的实施。通过实践，我们学会了如何通过用户与权限管理来控制对数据库资源的访问，确保只有授权用户才能够执行特定的操作。为了检验读者对用户与权限管理的理解和应用能力，请完成以下任务。

1. 描述数据库中用户账户的创建、修改和删除的方法，并讨论在实际操作中需要考虑的安全因素。

2. 解释数据库权限的种类和重要性，同时阐述如何实现权限的分配与回收。

3. 讨论数据库中角色的概念及其在权限管理中的应用，并通过一个实例来展示如何创建角色并分配相应权限。

<hr>
<hr>

◆ 拓 展 任 务 ◆

设计并实施一个小型数据库应用，如宿舍管理、图书管理或智慧餐厅系统。该系统需具备细粒度的用户权限控制功能，以确保不同角色的用户（如管理员、员工、顾客）可以根据其权限执行相应操作。明确不同用户角色及其允许的操作。创建适合业务需求的数据库架构，并定义角色和权限模型。完成后，撰写一份报告，总结在用户与权限管理方面的设计思路、遇到的挑战，以及如何解决这些挑战。

微课：用户角色与权限管理应用案例

项目 11

数据库备份与恢复

 项目目标 ──────────────────────────────

- 熟练掌握 MySQL 数据库的日常备份和恢复操作的多种实现方法和步骤；
- 能够对 MySQL 数据库进行日常备份和恢复；
- 能够根据用户需求和应用系统安全性要求制订 MySQL 数据库备份计划。

 项目描述 ──────────────────────────────

数据库备份与恢复是确保数据持久性和稳定性的关键操作，它对于防御数据丢失、损坏及灾难恢复具有不可估量的重要性。一个周全的备份策略能够在数据受到威胁时最大限度地减少损失，同时一个高效的恢复计划则保障了在紧急情况下数据能被迅速恢复到可用状态。因此，掌握数据库的备份与恢复技能对于数据库管理员而言是一个必备的能力。

在本项目中，我们将探讨各种备份技术，包括数据库备份、数据表备份及例程和事件备份，并学习如何根据不同的业务需求和数据敏感度选择合适的备份类型。然后，学习恢复过程中的关键概念和操作，包括如何从备份中恢复数据、如何处理备份过程中可能遇到的问题，以及如何设计一个可靠的灾难恢复计划。通过本项目的学习，读者将获得制定和执行数据库备份与恢复策略的实际技能，并确保数据的安全性和业务的连续性。

任务 11.1　认识数据库备份

数据库备份是确保数据安全性和完整性的一个关键步骤。无论是硬件故障、软件错误、数据损坏，还是人为操作失误，数据都有丢失的风险。定期备份可以降低这些风险，特别是对于包含关键业务数据的系统来说至关重要。以 Market 网上菜场系统为例，数据库中存储了包括商品信息、库存数据、订单详情和客户信息在内的重要数据。如果这些数据丢失，会对业务运营产生灾难性的影响。

数据库备份可以分为以下两大类。

（1）物理备份：直接复制数据库文件到安全位置的备份方法。虽然物理备份速度快且恢复简单，但是需要更多的存储空间，并且通常与特定的数据库存储引擎紧密相关。

（2）逻辑备份：通过导出 SQL 语句来备份数据库对象的方法。这种备份更为灵活，允许备份特定的数据或对象，并且备份文件通常较小。逻辑备份的缺点是恢复时间可能较长，尤其是对于大型数据库。

任务 11.2　使用 mysqldump 命令实现逻辑备份

mysqldump 是 MySQL 的逻辑备份工具，它允许用户将数据库导出为一系列的 SQL 语句。这些语句可用于在备份时重建数据库的结构和数据。

微课：使用
mysqldump
命令实现
逻辑备份

11.2.1　数据库逻辑备份

虽然有些 GUI 工具如 Navicat、SQLyog 等提供了便捷的数据库备份功能，但对于大型数据库，服务器端的命令行工具 mysqldump 往往更高效。使用 mysqldump 命令，备份文件直接存储在服务器上，这样减少了网络传输造成的延迟和额外负载。

mysqldump 备份数据库语句的基本 SQL 语法结构如下：

```
mysqldump -u[用户名] -p[密码] [数据库名 > [备份文件名 .sql]
```

语法说明如下。
- ［用户名］：有效的 MySQL 用户名，请注意，-u 和［用户名］之间没有空格。
- ［密码］：用户的有效密码，请注意，-p 和密码之间没有空格，也可以省略密码，回车后再以密文方式输入密码。
- ［数据库名］：要备份的数据库名称。
- ［备份文件名 .sql］：要生成的转储文件。

【例 11.1】使用系统管理员 root 用户进行操作，备份 market 数据库。备份文件保存到 C 盘的 backup 文件夹（需要先创建这个文件夹）中，并以 market_bk.sql 为文件名。

在系统的命令行（Shell）中运行以下语句：

```
mysqldump -uroot -p market > C:/backup/market_bk.sql
Enter password: ******
```

在提示输入密码后，mysqldump 会开始备份过程。备份完成后，可以在 C:\backup 目录下找到名为 market_bk.sql 的文件。备份文件内容包括用于重建数据库结构的 CREATE 语句和插入数据的 INSERT 语句。在 C:\backup 文件夹下面查看刚才备份过的文件，使用文本查看器打开文件可以看到其部分文件内容大致如下：

```
-- MySQL dump 10.13 Distrib 8.0.28, for Win64 (unknown)
--
-- Host: localhost Database: market
-- ------------------------------------------------------------
-- Server version 8.0.28-community

/*!40101 SET @OLD_CHARACTER_SET_CLIENT=@@CHARACTER_SET_CLIENT */;
/*!40101 SET @OLD_CHARACTER_SET_RESULTS=@@CHARACTER_SET_RESULTS */;
/*!40101 SET @OLD_COLLATION_CONNECTION=@@COLLATION_CONNECTION */;
/*!40101 SET NAMES utf8 */;
/*!40103 SET @OLD_TIME_ZONE=@@TIME_ZONE */;
/*!40103 SET TIME_ZONE='+00:00' */;
/*!40101 SET SQL_MODE=@OLD_SQL_MODE */;
/*!40014 SET FOREIGN_KEY_CHECKS=@OLD_FOREIGN_KEY_CHECKS */;
/*!40014 SET UNIQUE_CHECKS=@OLD_UNIQUE_CHECKS */;
/*!40101 SET CHARACTER_SET_CLIENT=@OLD_CHARACTER_SET_CLIENT */;
/*!40101 SET CHARACTER_SET_RESULTS=@OLD_CHARACTER_SET_RESULTS */;
/*!40101 SET COLLATION_CONNECTION=@OLD_COLLATION_CONNECTION */;
/*!40111 SET SQL_NOTES=@OLD_SQL_NOTES */;

-- Dump completed on 2023-12-10 8:42:34
```

可以看到，备份文件包含了一系列的信息和指令，这些信息帮助用户了解备份的上下文环境，而指令则保证数据恢复时的一致性。

备份文件的开头包含以下信息。

（1）mysqldump 工具的版本号：这表明了生成备份文件所用的 mysqldump 版本，有助于了解在哪些版本的 MySQL 中可以使用该备份文件。

（2）备份账户名称和主机信息：显示执行备份操作的 MySQL 用户和服务器的主机名。

（3）备份的数据库名称：表明了这个备份文件是针对哪个数据库的。

（4）MySQL 服务器的版本号：此信息有助于判断备份文件与服务器版本的兼容性。

备份文件中的 SET 语句的作用是将系统变量的当前值保存到用户定义变量中。这是为了在恢复时，能够将系统变量的值恢复到备份时的状态。这些变量包括字符集、排序规则、SQL 模式、外键检查开关等，确保数据恢复的环境与备份时的环境一致，从而避免潜在的兼容性问题。

例如，下列语句：

```
/*!40101 SET @OLD_CHARACTER_SET_CLIENT=@@CHARACTER_SET_CLIENT */;
```

该 SET 语句将当前系统变量 character_set_client 的值赋给用户定义变量 @old_character_set_client。其他变量与此类似。

备份文件的最后几行 MySQL 使用 SET 语句恢复服务器系统变量原来的值，例如，下列语句：

```
/*!40101 SET CHARACTER_SET_CLIENT=@OLD_CHARACTER_SET_CLIENT */;
```

该语句将用户定义的变量 @old_character_set_client 中保存的值赋给实际的系统变量

character_set_client。

  备份文件开头的以数字开头的语句，如 /*!40101 ... */，是条件化的 SQL 语句。这些数字是 MySQL 的版本代码，代表语句在哪个版本及以上的 MySQL 服务器中有效。例如，40101 表示该语句仅在 MySQL 版本为 4.01.01 及以上时才执行。这样的设计保证了备份文件的兼容性和跨版本的操作能力。

  【例 11.2】使用 mysqldump 工具备份 MySQL 服务器上所有的数据库。备份文件保存到 C 盘的 backup 文件夹中，并以 all_database.sql 为文件名。

  可以选择使用 --all-databases 或其简写形式 -A 参数，导出实例中的所有数据库，包括系统数据库和用户创建的数据库。下面是使用这两个参数的命令示例。

  1. 使用 --all-databases 参数

  在系统的命令行（Shell）中运行以下语句：

```
mysqldump -uroot -p --all-databases > C:/backup/all_database.sql
```

  这条命令中，-uroot 指定了 MySQL 的用户名（在本例中为 root），-p 会提示输入用户的密码，--all-databases 指示 mysqldump 导出所有数据库，重定向符号（>）将输出保存到 all_database.sql 文件中。

  2. 使用 -A 参数

  在系统的命令行（Shell）中运行以下语句：

```
mysqldump -uroot -p -A > C:/backup/all_database_bk.sql
```

  这里的 -A 和 --all_databases 的作用完全相同，仅是书写更简洁。同样，结果将被保存到名为 all_database_bk.sql 的文件中。

  在执行这些命令时，确保有足够的权限来访问所有数据库，并且在命令行提示符下输入 MySQL 用户的密码时，要保证安全性和隐私性。另外，务必在执行备份之前，确保有足够的磁盘空间来存储生成的备份文件。

  通过这两个选项，无论是为了灾难恢复准备，还是为了迁移到新服务器，都可以方便地备份 MySQL 服务器中的全部数据。

11.2.2 数据表逻辑备份

  1. 备份指定表

  使用 mysqldump 命令可以备份数据库中特定的一个或多个表，具体 SQL 语法结构如下：

```
mysqldump -u[用户名] -p[密码] [数据库名] [表名1] [表名2...] > [备份文件名.sql]
```

  语法说明：表名代表数据库中的表名，需要备份多个表时，表名之间用空格分隔。与备份整个数据库的命令不同，这里需在数据库名之后明确指定要备份的表名。

  【例 11.3】备份 market 数据库中的商品 product 表和商品类别 productsort 表。备份文件保存到 C 盘的 backup 文件夹中。

在系统的命令行（Shell）中运行以下语句：

```
-- 备份单表
mysqldump -uroot -p market product > C:/backup/market_bk_product.sql

-- 备份多表
mysqldump -uroot -p market product productsort > C:/backup/market_bk_
products.sql
Enter password: ******
```

2. 备份表中部分数据

若表中数据量庞大，仅需备份部分数据，可以使用 --where 参数并指定筛选条件。

【例 11.4】备份 market 数据库的商品 product 表中商品类别 sortid 为 01 的商品信息。备份文件保存到 C 盘的 backup 文件夹中，并以 product_bk_part.sql 为文件名。

在系统的命令行（Shell）中运行以下语句：

```
mysqldump -uroot -p market product --where="sortid = '01' " >
C:/backup/product_bk_part.sql
```

备份结果中，仅包含 sortid 为 '01' 的记录。内容如下所示，INSERT 语句只有 sortid 为 '01' 的部分：

```
LOCK TABLES product WRITE;
/*!40000 ALTER TABLE `product` DISABLE KEYS */;
INSERT INTO product VALUES ('1001','01',' 冬笋 ',29.00,100,'images\\
vegetable\\1.jpg','500g \r\n 冬笋产地今年较干旱 \r\n 个头略微偏小 \r\n 但肉质脆
嫩如切 ','2019-09-29 21:17:38'),('1002','01',' 冬瓜 ',2.00,100,'images\\
vegetable\\2.jpg','500g \r\n 鲜切冬瓜炖排骨 \r\n 清淡营养不油腻 ','2017-09-29
21:17:38'),('1003','01',' 生菜 ',6.00,0,'images\\vegetable\\3.jpg','500g \r\n
生吃涮炒 \r\n 怎么吃都很清爽 ','2019-09-29 21:17:38')
#INSERT 语句的部分展示
```

3. 排除特定表备份

若需备份特定数据库，同时希望排除一些数据量较大或与业务关联较小的表，可以使用 --ignore-table 参数。

【例 11.5】实现对 market 数据库的备份，但要排除 notice 表。备份文件保存到 C 盘的 backup 文件夹中，并以 market_no_notice_bk.sql 为文件名。

在系统的命令行（Shell）中运行以下语句：

```
mysqldump -uroot -p market --ignore-table=market.notice > C:/backup/
market_no_notice_bk.sql
```

4. 选择性备份表结构或数据

若只备份结构，则可以使用 --no-data，简写为 -d 选项；若只备份数据，则可以使用 --no-create-info，简写为 -t 选项。

【例 11.6】备份 market 数据库的架构信息，但不需要备份其中的数据。备份文件保存到 C 盘的 backup 文件夹中，并以 market_schema_bk.sql 为文件名。

在系统的命令行（Shell）中运行以下语句：

```
mysqldump -uroot -p market --no-data > C:/backup/market_schema_bk.sql
```

【例 11.7】备份 market 数据库中的所有数据，但不包括任何表结构信息。备份文件保存到 C 盘的 backup 文件夹中，并以 market_data_bk.sql 为文件名。

在系统的命令行（Shell）中运行以下语句：

```
mysqldump -uroot -p market --no-create-info > C:/backup/market_data_bk.sql
```

11.2.3　例程和事件备份

在使用 mysqldump 工具备份 MySQL 数据库时，通常只会备份数据库中的表和数据。然而，一些数据库可能包含存储过程、自定义函数及定时触发的事件，这些也是数据库重要的组成部分。为了确保数据库的完整性，在执行备份时，应该包含这些对象。

mysqldump 默认不包括存储过程、自定义函数及事件。要备份这些对象，可以使用以下选项。

- --routines 或 -R：用于备份存储过程和函数。
- --events 或 -E：用于备份事件。

【例 11.8】备份整个 market 数据库，包含存储过程及事件。备份文件保存到 C 盘的 backup 文件夹中，并以 market_full_bk.sql 为文件名。

在备份前，如果想知道数据库中存在哪些存储过程和函数，则可以通过查询 information_schema 数据库实现。

在命令行中执行以下语句：

```
SELECT SPECIFIC_NAME,ROUTINE_TYPE,ROUTINE_SCHEMA
FROM information_schema.routines
WHERE ROUTINE_SCHEMA="market";
```

接下来，使用 mysqldump 命令备份 market 数据库，同时包括存储过程、函数和事件。可以通过在命令中添加 -R 和 -E 选项来实现。

在系统的命令行（Shell）中运行以下语句：

```
mysqldump -uroot -p -R -E --databases market > C:/backup/market_full_bk.sql
```

如果想确保使用正确的 mysqldump 选项，可以随时查看 mysqldump 的帮助文档。为此，运行以下命令以获取 mysqldump 的使用说明和所有可用选项。

在系统的命令行（Shell）中运行以下语句：

```
mysqldump --help
```

此命令将输出 mysqldump 工具支持的所有选项及其描述，帮助用户根据实际需要选择合适的选项来执行备份。

此外，在备份大型数据库时，需要考虑磁盘空间是否充足，以及备份操作可能对生产环境中的数据库的性能产生的影响。

任务 11.3 MySQL 命令恢复数据

微课：MySQL
命令恢复数据

通过 mysqldump 或其他数据库备份工具，可以将 MySQL 数据库的数据导出为包含 CREATE、INSERT（有时包括 DROP）语句的 SQL 文本文件。使用 MySQL 命令行工具可以直接执行这些文件中的 SQL 语句来恢复数据。其基本 SQL 语法结构如下：

```
mysql -u [用户名] -p[密码] [数据库名] < 已备份文件名.sql
```

语法说明如下。

- 用户名：有效的 MySQL 用户名。
- 密码：用户的有效密码。注意，-p 和密码之间没有空格。
- 数据库名：要恢复的数据库名称。如果 filename.sql 文件由 mysqldump 工具创建，且包含了创建数据库的语句，则执行时不需要指定数据库名称。
- 已备份文件名：用于恢复的文件。

11.3.1 从单库备份中恢复单库

【例 11.9】使用 root 用户，将例 11.1 中备份的 market_bk.sql 文件中的数据导入数据库中。

如果备份文件中包含了创建数据库的语句，则直接恢复数据不需要指定数据库名称。在命令行中执行以下命令：

```
mysql -uroot -p < C:/backup/market_bk.sql
```

这条命令假设有一个名为 market_bk.sql 的备份文件，它包含了创建数据库的语句，并且正在以 root 用户身份恢复数据。执行时，系统会提示输入 root 用户的密码。

如果备份文件没有包含创建数据库的语句，则需要先手动创建数据库，或在恢复命令中指定要恢复到的数据库名称。假设需要恢复到名为 market01 的数据库，可以在命令行中执行以下语句：

```
mysql -uroot -p market01 < C:/backup/market_bk.sql
```

在这个命令中，需要确保 market01 数据库已经存在。执行时，同样会提示输入 root 用户的密码。如果 market01 数据库不存在，则需要先创建它，或者在备份文件 market_bk.sql 中包含创建数据库的语句。

11.3.2 从全量备份中恢复数据库

在进行数据库的维护或遇到数据丢失的情况时，可能需要从之前的全量备份中恢复整个 MySQL 数据库。全量备份包含所有数据库的完整备份，允许将数据库状态还原到备份时的瞬间。

【**例 11.10**】使用 root 用户，将例 11.2 中备份的 all_database.sql 全量备份文件的内容恢复到 MySQL 服务器中。

在命令行中执行以下命令：

```
mysql -uroot -p < C:/backup/all_database.sql
```

在执行这个命令时，系统会提示输入 root 用户的密码，以便进行身份验证。一旦输入密码并执行，MySQL 服务器上的所有数据库和数据将被还原到备份文件 all_database.sql 中记录的状态。

⚠️ **注意：**

① 在执行恢复之前，确保有足够的权限来对数据库进行操作。

② 如果数据库中已经存在与备份文件中相同名称的数据库，那么恢复过程将会覆盖这些数据库中的数据。因此，在执行恢复之前，请确保这种覆盖操作不会造成问题。

③ 为了安全起见，建议在执行恢复操作之前，对当前数据库状态进行备份，以防万一恢复操作出现问题或者备份文件不是最新状态时，能有备份可依。

任务 11.4 数据库迁移

微课：数据库迁移

11.4.1 数据库迁移的基本概念

数据库迁移是一个涉及数据选择、准备、提取、转换和传输的复杂过程，它通常是为了改善系统性能、扩展存储容量、合并系统、升级软件版本或符合新的技术和业务需求。以 Market 网上菜场系统为例，数据库迁移可能是因为以下原因。

（1）技术升级：当系统的用户数量激增时，原有服务器可能无法处理更多的并发请求，因此需要迁移到性能更强的服务器上。

（2）业务扩展：Market 网上菜场系统可能会扩展服务范围，需要迁移数据库以支持新的业务逻辑和数据模型。

（3）灾难恢复：如果原有数据库遭受损坏，可能需要迁移到备份数据中心，以保证业务的连续性。

11.4.2 相同版本的 MySQL 数据库之间的迁移

相同版本的 MySQL 数据库之间的迁移指的是在具有相同主版本号的 MySQL 数据库实例之间迁移数据。这种迁移通常涉及两个主要步骤：备份源数据库和恢复到目标数据库。

虽然直接复制整个数据库文件目录看似是一个快速的迁移方式，但是这种方法存在几个重大风险和限制。

（1）兼容性问题：不同的存储引擎，如 MyISAM 和 InnoDB，对文件操作的支持不同。MyISAM 存储引擎允许直接复制数据文件，但 InnoDB 的复杂结构和事务日志机制不支持这种操作。

（2）数据一致性：直接复制文件可能会在源数据库正在写入时进行，这会导致复制的数据不一致。

（3）文件锁定：在复制过程中，数据库文件可能被锁定，影响源数据库的正常使用。

由于上述问题，推荐使用 mysqldump 工具进行数据迁移。这个工具能够生成一个包含 SQL 语句的文本文件，这些语句在执行时可以重建数据库的结构并填充数据。使用 mysqldump 的优点有如下三方面。

（1）兼容性：mysqldump 适用于所有存储引擎，包括 InnoDB。

（2）一致性：可以通过选项（如 --single-transaction）保证备份的数据的一致性。

（3）灵活性：允许选择备份特定的数据库或表，甚至指定备份的数据范围。

【例 11.11】将 host1 主机上的 MySQL 数据库全部迁移到 host2 主机上。

在 host1 主机上的命令行中执行以下命令：

```
mysqldump -h host1 -uroot -p -all-databases | mysql -h host2 -uroot -p
```

这里，管道符号"|"用于将 mysqldump 命令的输出直接传递给 mysql 命令作为输入。选项 --all-databases 指示 mysqldump 备份所有数据库。

在执行上述命令之前，应该在目标主机 host2 上创建好与源数据库相同的用户和权限。此外，确保目标服务器的 MySQL 实例已经启动，并且具有足够的权限接收来自 mysqldump 的数据。同时，建议在实际操作之前，先在测试环境中模拟迁移过程，确保迁移策略的正确性并熟悉操作步骤，这有助于在生产环境中避免潜在的风险。

⚠️ **注意：**

① 安全性：命令中涉及密码的部分，最好是通过配置文件或环境变量来传递，以避免在命令行中暴露。

② 网络延迟：当源数据库和目标数据库位于不同的网络环境时，数据传输可能受到网络延迟的影响，迁移时间可能会增长。

③ 停机时间：根据数据库的大小和网络速度，该过程可能需要一定的停机时间。应当在低峰时段执行迁移操作，或提前通知用户。

④ 验证迁移：迁移完成后，必须对数据完整性和应用程序的兼容性进行验证。

11.4.3　不同版本的 MySQL 数据库之间的迁移

在企业和开发实践中，将数据从一个版本的 MySQL 迁移到另一个版本是一项常见且重要的任务。迁移的原因多样，包括但不限于数据库性能优化、新特性的应用、安全漏洞的修补，或是对旧版本的支持即将终止。例如，Market 网上菜场系统可能会选择从 MySQL 5.7 迁移到 MySQL 8.0 版本，以便利用后者带来的性能提升和新增的功能特性。

升级 MySQL 服务器的步骤如下。

（1）停止 MySQL 服务：在开始升级之前，应当停止当前正在运行的 MySQL 服务，以避免数据丢失或损坏。

（2）备份数据：执行数据备份是至关重要的步骤，尤其是备份包含用户和权限信息的MySQL 系统数据库。

（3）卸载旧版本：从服务器中卸载当前的 MySQL 旧版本。

（4）安装新版本：安装新版 MySQL 服务器软件。

（5）恢复数据：在新版本的 MySQL 上恢复之前备份的数据。

不同版本的 MySQL 数据库迁移过程中要特别注意以下三个方面。

1. 处理字符集差异

在迁移过程中，面对存储了中文或其他多字节字符的系统（如 Market 网上菜场系统），必须仔细处理字符集的变更。MySQL 8.0 之前的版本默认使用 latin1 字符集，而MySQL 8.0 及以后的版本默认使用 utf8mb4。要确保迁移后数据的正确显示，我们可能需要在迁移过程中相应地调整字符集设置。

2. 兼容性和迁移工具

高版本的 MySQL 设计上能够兼容低版本的数据。但是，实际迁移时需要注意特定细节。例如，对于使用 MyISAM 引擎的表，可以直接复制数据文件或使用 mysqldump 和mysqlhotcopy 工具进行迁移。对于使用 InnoDB 引擎的表，推荐使用 mysqldump 工具来进行数据的导出与导入，以保证事务的完整性和一致性。

3. 向下兼容性

在一些特殊场景下，可能需要从新版本 MySQL 迁移数据回到旧版本。尽管不常见，但此类迁移操作通常较为复杂，因为新版本可能包含一些不向后兼容的特性。在这种情况下，mysqldump 提供了一个可靠的解决方案，只要保证导出的 SQL 文件不含有新版本特有的语法或功能，它就可以被旧版本 MySQL 所执行。

⚠️ **注意：**

① 在迁移前后，应该执行全面的测试，包括性能测试和用户接受测试，以确保迁移不会引入新的问题。

② 考虑到迁移过程中的风险，可能需要制定临时的数据库访问策略，以限制数据写入。

③ 一旦完成数据库迁移，就应当密切监控系统性能和日志，以保证一切运行正常。

遵循这些步骤和注意事项，有助于确保数据库业务平台顺利地完成 MySQL 版本升级，同时最小化对用户的影响。

11.4.4 不同数据库之间的迁移

数据库迁移的需求很多时候涉及跨数据库平台的数据转移，这可能意味着从其他类型的数据库系统迁移到 MySQL，或者相反。由于不同数据库平台之间存在本质的设计和实现差异，这类迁移工作通常没有一个统一的方法，需要根据具体情况制定迁移策略。

1. 了解数据库架构差异

在迁移开始之前，了解源数据库和目标数据库的架构至关重要。这一步骤需要深入比较不同数据库之间的差异。数据类型的差异是常见的挑战之一。例如，在 MySQL 中，日期和时间是分开的类型，即 DATE 和 TIME；而在 Oracle 中，时间和日期通常由单一的 DATE 类型表示。SQL Server 独有的 NTEXT 和 IMAGE 数据类型在 MySQL 中没有直接对应的类型，而 MySQL 支持的 ENUM 和 SET 类型在 SQL Server 中也没有等效的支持。

2. 处理 SQL 语句的不兼容性

除了数据类型上的差异，还需要应对各个数据库系统在 SQL 方面的特异性。由于数据库厂商在遵循 SQL 标准的同时也引入了专有特性，不同数据库系统的 SQL 语句可能存在不兼容的情况。例如，微软的 SQL Server 采用的是 T-SQL，它包含许多非标准的扩展，这些在 MySQL 中是不兼容的。

3. 使用迁移工具

为了解决跨数据库迁移的复杂性，可以依赖一些专门的迁移工具来简化这一过程。在 Windows 环境下，MyODBC（现在称为 MySQL Connector/ODBC）是一个常用工具，它允许 MySQL 与 SQL Server 之间的数据互通。此外，MySQL 官方曾提供的 MySQL Migration Toolkit（现在的功能已经被整合到 MySQL WorkBench 中）也是在不同数据库间进行迁移的有力工具。

⚠️**注意：**

① 在制定迁移策略之前，充分了解参与迁移的数据库系统的数据定义和 SQL 方言是必要的。

② 应进行彻底的数据映射，确保源数据库中的数据类型和结构能够被正确地转换和适应到目标数据库中。

③ 对于 SQL 语句和数据库脚本的差异，可能需要手动调整或编写转换脚本以实现互操作性。

④ 在实际迁移之前，建立一个详细的测试计划，以确保数据的完整性、性能标准和应用的一致性得到验证。

⑤ 考虑到可能出现的数据转换错误和意外情况，始终保持数据备份，并在安全的环境中进行迁移尝试。

通过综合考量这些策略和注意事项，可以在不同数据库系统之间实现顺畅的数据迁移。无论是扩展业务能力、技术升级还是系统整合，一个精心规划和执行的迁移过程都是确保成功的关键。

◆ **项目任务单** ◆

在本项目中，我们深入学习了数据库备份与恢复的关键知识和操作技巧，体会到了定期备份对于数据保护的重要性，并掌握了数据恢复过程中的关键步骤；还学习了如何使用 mysqldump 工具进行数据库、数据表，以及例程和事件的备份，并详细了解了使用 mysql 命令恢复数据的流程；通过动手实践，能够有效地进行数据库的备份与灾难恢复工作。为了检验读者对数据库备份与恢复的理解和应用能力，请完成以下任务。

1. 阐述 mysqldump 工具备份整个数据库的步骤，并讨论在不同的备份环境下，如何确保数据备份的完整性和一致性。

2. 解释如何通过 mysqldump 对单个或多个特定数据表执行备份，并在此基础上，讨论表级别备份的适用场景及其优势。

3. 描述如何使用 mysql 命令恢复备份数据，并讨论在恢复过程中应注意的问题，如数据一致性、恢复时间点选择，以及避免数据覆盖等。

◆ 拓 展 任 务 ◆

设计并实施一个完整的数据库备份与恢复方案，可以选择一个实际应用场景（如宿舍管理、图书管理或智慧餐厅系统等）。确定并执行周期性备份计划，包括完全备份和部分备份，并模拟各种故障情况（如数据丢失、数据损坏等）来验证恢复流程的鲁棒性。完成后，撰写一份报告，阐述备份策略的选择依据、在备份和恢复过程中遇到的挑战，以及如何克服这些挑战，特别强调恢复命令在实际操作中的使用体验和需要注意的细节。

微课：数据库备份
与恢复应用案例

参 考 文 献

[1] 周德伟. MySQL 数据库基础实例教程：微课版 [M]. 2 版. 北京：人民邮电出版社，2021.

[2] FORTAD. SQL 必知必会 [M]. 5 版. 钟鸣，刘晓霞，译. 北京：人民邮电出版社，2020.

[3] STEPHENS R. 数据库设计解决方案入门经典 [M]. 王海涛，宋丽华，译. 北京：清华大学出版社，
2009.

[4] 唐汉明，翟振兴，关宝军，等. 深入浅出 MySQL：数据库开发、优化与管理维护 [M]. 2 版. 北京：
人民邮电出版社，2014.

[5] 姜承尧. MySQL 技术内幕：InnoDB 存储引擎 [M]. 2 版. 北京：机械工业出版社，2013.